Die katholische Kirche und ihr Recht

in den

preußischen Rheinlanden

von

D. Dr. jur. et phil. Ulrich Stutz
o. ö. Professor der Rechte
an der Rheinischen Friedrich-Wilhelms-Universität zu Bonn
Geh. Justizrat

Bonn 1915
A. Marcus & E. Webers Verlag (Dr. jur. Albert Ahn)

Zum Geleit.

Für eine von Herrn Archivdirektor Prof. Dr. ***Josef Hansen*** *in Köln veranstaltete, in Bälde erscheinende Jahrhundertfestschrift „Die Rheinprovinz 1815—1915" verfaßt, tritt diese Studie mit gütiger Erlaubnis von Herausgeber und Verleger, denen dafür auch an dieser Stelle bestens gedankt sei, schon jetzt im Sonderdruck an die Öffentlichkeit. Für ihren Umfang und ihre äußere Gestalt ebenso wie für ihre Anlage und ihren Inhalt ist ihre ursprüngliche Bestimmung auch in dieser Einzelausgabe maßgebend geblieben; insbesondere mußte ich es mir versagen, meine Angaben mit Belegen zu versehen, und mich darauf beschränken, die Quellensammlungen und einige wenige Schriften nachzuweisen, aus welchen ich in erster Linie schöpfte, und in denen nähere Aufschlüsse sowie reichere Literaturangaben zu finden sind. Übrigens sind mir von verschiedenen Seiten wertvolle Mitteilungen aus den Akten gemacht worden, wofür ich ihren Urhebern meinen verbindlichsten Dank auszusprechen nicht verfehlen möchte.*

Gerne habe ich mich, nachdem von mir an anderer Stelle das gemeine Kirchenrecht der Vergangenheit und der Gegenwart mit besonderer Berücksichtigung Deutschlands zusammenfassend dargestellt worden ist, zur Ergänzung des dort Gebotenen auch einmal an die historisch-juristische Bearbeitung deutschen Diözesanrechts gewagt. Möge dieser erste Versuch, das Recht des Erzbistums Köln und, bis zu einem gewissen Grade, des Bistums Trier in ihrem geschichtlichen Verlauf und in ihrer gegenwärtigen Geltung kurz und doch in einiger Vollständigkeit dem Leser vorzuführen, in den Rheinlanden und darüber hinaus bei allen denen nachsichtige Aufnahme finden, die für die neueste kirchliche Entwicklung und ihr Recht Sinn haben, und denen überhaupt den Gang der öffentlichen Dinge bei uns zu verfolgen am Herzen liegt.

Von französischer Seite sucht man im gegenwärtigen Kriege den Katholizismus gegen uns auszuspielen. Wie unangebracht, ja widersinnig dies Unternehmen ist, liegt für uns Deutsche auf der Hand. Vielleicht findet diese streng wissenschaftliche, von einem Nichtkatholiken herrührende und bereits vor dem Kriegsausbruch zum Druck beförderte Schrift früher oder später auch im Auslande einige Beachtung und klärt sie den einen oder anderen ausländischen Leser darüber auf, daß katholische Religiosität und katholisches Kirchentum in den letzten Jahrzehnten nirgendwo ungehemmter und reicher sich zu entfalten vermocht haben als unter dem Schutze unseres kraftvollen, von seinen Feinden immer wieder verlästerten, von seinen Angehörigen aber mit gutem Grunde als Hort von Freiheit und Recht mit Wort und Tat, Gut und Blut um so freudiger verteidigten preußischen Staates.

***Bonn a. Rh.**, den 5. Mai 1915.*

Ulrich Stutz.

Die Geſchicke der katholiſchen Kirche in den Rheinlanden während der hundert Jahre, die ſeit der Einverleibung in Preußen verfloſſen ſind, haben ihr ſichtbares Abbild im Dome zu Köln.

Vom Mittelalter und den daran anknüpfenden Zeiten geiſtlicher und reichsſtädtiſcher Herrſchaft halbfertig überliefert, unter franzöſiſcher Herrſchaft zur bloßen Pfarrkirche herabgewürdigt und in trümmerhaftem Zuſtande hinterlaſſen, erlebte dies hehre Denkmal deutſcher Baukunſt, von Preußen übernommen, zunächſt ſeine Wiedereinſetzung in den früheren Stand einer Metropolitankirche und ſodann ſeinen glanzvollen Ausbau nach den Plänen ſeines Begründers, um ſeither, ſorgſam gehegt, ſtetsfort erneuert, nach außen zu voller Geltung gebracht und im Innern durch Frömmigkeit und Kunſtſinn liebevoll verſchönert, ſeiner Beſtimmung ſo wie nie zuvor zu dienen.

Nicht anders das rheiniſche katholiſche Kirchenweſen, das trotz der ſchweren Erſchütterungen durch den Kölner Kirchenſtreit und ſpäter durch den Kulturkampf aus dem halb Trümmer-, halb Zwiſchenzuſtand, in dem die preußiſche Herrſchaft es antrat, binnen einem Jahrhundert zu einer Blüte gediehen iſt, die in der Vergangenheit und in der Gegenwart kaum ihresgleichen hat. Freie und reiche Entfaltung des religiöſen Sinnes, ein in den Werken chriſtlicher Liebestätigkeit, ſozialen Wirkens und der Miſſion kraftvoll ſich bewährendes kirchliches und Ordensleben, Einigkeit im Glauben und verſtändnisvolle Unterwerfung unter die kirchliche Ordnung — und dies alles bei weitgehender, durch Wohlhabenheit und Bildung getragener, in den Schranken chriſtlicher Gläubigkeit und Sittlichkeit ſich haltender Kulturoffenheit und Kunſtfreudigkeit — das ſind Züge, welche die katholiſche Kirche am Rheine in ſolcher Vereinigung ſelbſt zu den Zeiten höchſter mittelalterlicher Kirchlichkeit nicht aufzuweiſen gehabt hat. So hat die Einfügung in ein großes Gemeinweſen und der Verluſt der Alleinherrſchaft in dem größten Teile der heute zur preußiſchen Rheinprovinz vereinigten Gebietsteile, weit entfernt davon, dem katholiſchen Weſen und Kirchentum Abbruch zu tun, ihm dank dem damit verbundenen Zwange zur Sammlung und Selbſtbehauptung in mühſamem, aber erfolgreichem Ringen zu einem nachhaltigen Aufſchwunge verholfen.

Dies gilt beſonders von Recht und Verfaſſung der katholiſchen Kirche in den Rheinlanden, womit wir es im folgenden vornehmlich zu tun haben. Ihre Entwicklung ſteht natürlich in engſtem Zuſammenhange mit der Renaiſſance der katholiſchen Weltkirche und des gemeinen katholiſchen Kirchenrechts, die das 19. Jahrhundert heraufgeführt und die ihre Krönung gefunden hat in dem, was ich vatikaniſches Kirchenrecht getauft habe, und was ſeinen Abſchluß vielleicht in nicht ferner Zeit in einem neuen Codex juris canonici nebſt den damit zuſammenhängenden, teils ſchon vorgenommenen, teils noch bevorſtehenden Reformen der kirchlichen Zentral- und Teilverwaltung finden wird; die Säfte, die der Geſamtkirche weltbeſchattenden Baum zu neuem Leben erweckten, haben vor allem auch an dem rheiniſchen Aſte das friſche Grün getrieben, das ihn jetzt ſchmückt. Doch müſſen wir uns mit dieſer allgemeinen Feſtſtellung begnügen; auch kann unſere Darſtellung die Zuſammenhänge der rheiniſchen mit der geſamtkirchlichen Entwicklung im einzelnen nicht näher verfolgen, ſondern bloß gelegentlich andeuten. Für das Folgende handelt es ſich vielmehr lediglich darum, was die rheiniſche Kirche aus eigener Kraft, und was ſie mit Hilfe des preußiſchen Staates geworden iſt.

Dem letzteren gebührt das Verdienſt, die Grundlagen gelegt zu haben. Aus mehrjähriger Verhandlung zwiſchen Berlin und Rom ging ſchließlich unterm 16. Juli 1821 die Bulle: De salute animarum hervor. Sie ſchuf für den weſtlichen Teil der Monarchie die niederrheiniſche Kirchenprovinz mit Köln als Erzbistum, Trier, Münſter und Paderborn als Suffraganbistümern. Die Sprengel von Köln und Trier, nur geringfügig im Jahre 1848 durch Zuweiſung der Gemeinde Rolandswerth (aber ohne die Inſel Nonnenwerth) an Köln gegeneinander verſchoben, bilden ſeither den Rahmen, in dem das kirchliche Leben des Katholizismus in den Rheinlanden in der Hauptſache ſich abgeſpielt hat. Doch mußte ſich das Trierer Bistum bei der Übernahme aus der franzöſiſchen Zeit und anläßlich der Einfügung in den neuen kirchlichen Verband eine nicht unerhebliche Umgeſtaltung, teils im Sinne einer Erweiterung, teils aber auch in dem einer Verkürzung gefallen laſſen: Eine Anzahl auf dem rechten Rheinufer gelegener, ehemals zur früheren Erzdiözeſe Trier gehöriger und ſeit deren Untergang als beſonderes Vikariat Ehrenbreitſtein verwalteter Pfarreien wurden ihm ebenſo zugeſchlagen wie einige hundert Pfarreien, die zum franzöſiſchen Bistum Metz und zu dem ebenſolchen, nunmehr aufgehobenen Bistum Aachen gehört hatten, wogegen etliche Pfarreien auf der Eifel an Köln abgetreten werden mußten. Im weſentlichen umfaßte und umfaßt die Diözeſe Trier außer dem oldenburgiſchen Fürſtentum Birkenfeld und dem ſeither preußiſch gewordenen ehemals koburgiſchen und homburgiſchen Beſitz auf dem Hunsrück die preußiſchen Regierungsbezirke Trier und Koblenz; bei ſeiner Begründung hatte es 531 Pfarreien mit rund 580 000 Seelen, zu Anfang 1912 gehörten zu ihm 757 Pfarreien mit rund 1 305 000 Katholiken. Dem reſtituierten Erzbistum Köln wurden außer den genannten, ehemals trieriſchen Eifelpfarreien einige früher zu Lüttich gehörige Pfarrſprengel zugeteilt. Auch es vereinigte, während in franzöſiſcher Zeit, abgeſehen von der nachträglichen Einverleibung Weſels in das Bistum Aachen, alle und jede kirchliche Verbindung des linken Rheinufers mit dem rechten aufgehört hatte, wieder wie in früherer Zeit links- und rechtsrheiniſche Gebiete. Aber die neue Erzdiözeſe war doch weit kleiner als die alte. Groß waren die Verluſte auf der rechten Rheinſeite; von den zwölf altkölniſchen Dekanaten blieben nur die vier von Eſſen, Düſſeldorf, Deutz und Siegburg und auch dieſe zum Teil nicht in ihrem alten Beſtande bei der Erzdiözeſe. Auf dem linken Rheinufer kam an Köln der größte Teil des aufgehobenen Bistums Aachen. Aber die Anpaſſung der kirchlichen an die neuen Landesgrenzen bedingte nicht bloß die

Auflösung einer ganzen Anzahl von alten Pfarrverbänden und die Abtretung wie übrigens auch die Übernahme einer Reihe von Sukkursal- und Annexkirchen, sondern auch die Überweisung einer Anzahl von ehemals zu Aachen bezw. zur alten Erzdiözese Köln gehörigen Pfarreien an die niederländischen Bistümer Lüttich und Roermond; und außerdem wurden aus dem früheren Aachener und vordem Kölner Sprengel die linksrheinischen Pfarreien des einstigen Archidiakonatsbezirkes Xanten an das kölnische Suffraganbistum Münster abgegeben, während das Suffraganbistum Trier, wie bereits erwähnt, aus dem bisherigen Aachenschen Sprengel die meisten im französischen Rhein- und Mosel-departement gelegenen Pfarreien erhielt, von denen eine ganze Anzahl ehedem auch kölnisch gewesen waren. So umfaßte und umfaßt die neue Erzdiözese Köln die ganzen preußischen Regierungsbezirke Aachen und Köln, den südlichen Teil des Regierungsbezirks Düsseldorf, einige Bürgermeistereien der Regierungsbezirke Koblenz und Trier und das Amt Königssteele im Regierungsbezirk Arnsberg. Es waren ursprünglich 685 Pfarreien mit (1825) 850 000 Seelen. Zu Anfang des Jahres 1912 dagegen gehörten zur Kölner Erzdiözese 970 Pfarreien mit rund 3 282 000 Katholiken. Damit steht das Bistum Köln, was Volksreichtum anlangt, in Preußen und Deutschland, ja in Europa und in der Welt, wenn nicht an erster, so doch an zweiter bezw. dritter Stelle.

Zum Exsekutor der Bulle: De salute animarum wurde von Pius VII. der Fürstbischof von Ermland, Joseph von Hohenzollern, ernannt. Von König Friedrich Wilhelm III. aber wurde mit der Durchführung das Ministerium der geistlichen Angelegenheiten betraut, für das als Zivilkommissar der Geheime Oberregierungsrat Schmedding bei dem Geschäfte tätig war. Bis zur Besetzung der bischöflichen Stühle amteten die bisherigen Amtsinhaber in ihren Teilsprengeln weiter. Zwar hatte in Trier auf Veranlassung der preußischen Regierung der von Napoleon 1802 eingesetzte Bischof Charles Mannay am 11. November 1816 resigniert, um nach Frankreich zurückzukehren und dort erst in Auxerre, dann in Rennes Bischof zu werden. Aber die Verwaltung führte sein General- und nunmehriger Kapitelsvikar Anton Cordel selbständig weiter. Auf der rechten Rheinseite stand, nach dem Tode des letzten Kurerzbischofs Klemens Wenzeslaus von Trier vom Kapitel im Jahre 1816 gewählt und vom Papste als apostolischer Administrator bestätigt, der General(Kapitels)vikar Joseph von Hommer, Oberpfarrer in Ehrenbreitstein, der kirchlichen Verwaltung vor. Die kölnische Verwaltung fristete auf der rechten Rheinseite nur noch ein kümmerliches Dasein. Alles hing an der Person des Kölner Domherrn Johann Hermann Joseph, Freiherrn von Caspers zu Weiß, der, nachdem der letzte Kurfürst von Köln, Erzbischof Max Franz, im Jahre 1801 zu Hetzendorf bei Wien das Zeitliche gesegnet hatte, von dem nach Arnsberg geflüchteten Domkapitel am 3. August des genannten Jahres zum General- oder besser Kapitularvikar erwählt worden war, und, unterstützt von dem Weihbischof Klemens August, Freiherrn von Merl († 1810), mit einer Hingabe sondergleichen, zuerst von Arnsberg, dann von Deutz aus, aufrecht erhielt, was von kirchlicher Ordnung und Verwaltung in dem durch die Wegnahme des linken Rheinufers und durch die Säkularisation nahezu vernichteten Kölner Jurisdiktionsgebiet sich noch aufrechterhalten ließ. Da Caspers hochbetagt war, ermächtigte ihn Pius VII. am 12. Januar 1820, für den Fall der Verhinderung durch Alter oder Krankheit sich einen Vertreter zu bestellen, der eventuell auch nach seinem Tode die Verwaltung fortzuführen hätte. In der Tat nahm sich Caspers schon am 13. Februar 1820 den Protonotarius Johann Wilhelm Stephan Schmitz zum Beistand und Vertreter und bevollmächtigte ihn für den Fall, daß die Wahl eines neuen Kapitelsvikars unterbliebe, dem päpstlichen Indulte gemäß auch für die Zeit nach seinem Ableben. Da Caspers nach Errichtung, aber während der Neueinrichtung der neuen Erzdiözese starb, ist es Schmitz gewesen, der zuletzt die Interimsregierung in dem altkölnischen Anteil rechts des Rheines leitete. Gerne hätte übrigens Caspers auch die Verwaltung des linksrheinischen Gebietes wieder übernommen. Allein diese wurde, nachdem der zweite, vom Papste freilich nicht bestätigte Bischof von Aachen, Jean Denis François Le Camus, am 16. Januar 1814 vor den Kosaken nach Paris geflohen und dort schon bald nachher, am 26. April, gestorben war, durch ein Kapitelsvikariat geführt, bestehend aus dem Aachener Domherrn Martin Wilhelm Fonck als erstem und seinem Mitkapitularen Michael Klinkenberg als zweitem General(Kapitels)vikar. Von all diesen Zwischenregenten wurde im Auftrage des Fürstbischofs von Ermland im Spätjahr 1821 die Bulle: De salute animarum verkündet und der eingeforderte Bericht über die Zusammensetzung der Kapitel und den Stand ihrer Jurisdiktionsbezirke erstattet. Nachdem sodann am 4. November 1822 auch der provisorische Dotationsetat für die beiden Bistümer vollzogen war, allerdings so, daß er (1824 endgültig geworden) wegen unzulässiger Hineinziehung der Meßstiftungen, Anniversarien- und Memoriengelder 1825 nachträglich noch erhöht werden mußte, und nachdem Berlin und Rom über die Person der neuen Bischöfe sich geeinigt hatten, stand der Besetzung der bischöflichen Stühle nichts mehr im Wege. Am 3. Mai 1824 wurde von Leo XII. der bisherige Ehrenbreitsteiner Generalvikar von Hommer zum Bischof von Trier ernannt. Die Bischofsweihe empfing er am 24. August in Münster von dem dortigen Weihbischof Caspar Max von Droste-Vischering. Seinen feierlichen Einzug in Trier hielt er am 10., inthronisiert wurde er am 12. September. Auf den Kölner Erzstuhl wurde Ferdinand August Graf Spiegel zu Desenberg und Canstein berufen, bis dahin zu Münster erst im alten Kapitel Domdechant, dann, unter Napoleon, ernannter, aber nicht bestätigter Bischof bezw. Kapitelsvikar, der jedoch 1814 dem von ihm verdrängten rechtmäßigen Kapitelsvikar Klemens August von Droste-Vischering hatte weichen müssen. Am 20. Dezember 1824 von Leo XII. als Erzbischof von Köln präkonisiert, zog er am 21. April 1825 feierlich in Köln ein, um am 20. Mai die Verwaltung zu übernehmen und am 11. Juni von seinem Trierer Suffragan von Hommer geweiht, mit dem Pallium bekleidet und inthronisiert zu werden. Schon zuvor waren beide von dem Fürstbischofe von Ermland für die Exsekution der Bulle subdelegiert worden. So lag die erste Einrichtung ihrer Bistümer im wesentlichen in ihrer Hand.

Gewisse Grundzüge der Verfassung waren allerdings durch die Bulle: De salute animarum ein für alle Mal festgelegt. Es handelt sich dabei in der Hauptsache um folgende Bestimmungen, deren Verwirklichung und Handhabung in dem zur Neige gehenden ersten Jahrhundert ihrer Geltung hier vorweg besprochen werden mag.

Die Besetzung der beiden bischöflichen Stühle sollte, vom ersten Besetzungsfalle abgesehen, fortan durch Wahl der Domherren, der wirklichen sowohl als der Ehrendomherren, und durch Bestätigung von seiten des Papstes erfolgen. Doch wurden die Kapitel durch das Breve: Quod de fidelium Pius' VII. vom 16. Juli 1821, eine Vollzugsverordnung oder Dienstweisung zur Bulle und deshalb anders als diese weder durch Kabinettsordre sanktioniert noch in der Gesetzessammlung publiziert, angewiesen, nur solche in Betracht zu ziehen, von denen sie gewiß wären, daß sie außer durch die übrigen, vom Kirchenrechte geforderten Eigenschaften auch durch lobenswerte Klugheit sich auszeichneten und dem Könige nicht minder genehm seien. Also ein auf Verlangen der Krone und in Vereinbarung mit ihr gemachtes, durch das kirchliche Recht nicht gegebenes, aber der Form nach in es erhobenes Zugeständnis, das letzten Endes nicht mehr und nicht weniger bedeutet als das „Anerkenntnis eines von den Aufgaben der Kirche verschiedenen Staatszweckes und seiner Berücksichtigungsberechtigung bei dem zumal im paritätischen Staate politisch exponierten Kirchenamte des Bischofs". Die Gewißheit der Genehmheit sollte aber, schon damit das altkirchliche Recht, das die Einmischung selbst katholischer Laiengewalten in die Besetzung der Bischofsstühle aufs strengste verpönte, nicht verletzt würde, stets vor dem feierlichen, in den Formen und nach den Vorschriften des kanonischen Rechtes sich vollziehenden Wahlakte hergestellt werden. Wie, ist freilich in dem Breve nicht gesagt; die ihr angebotene Erkundung durch Einreichung einer Kandidatenliste hatte die preußische Regierung seinerzeit bei den Verhandlungen über die Gestaltung des Bischofswahlrechtes ablehnen zu müssen geglaubt. Deshalb und aus anderen Gründen ist es auch in Köln und in Trier gelegentlich zu schweren Wahlkonflikten gekommen. Von den sieben Erzbischöfen, die bis jetzt Ferdinand August auf dem Kölner Erzstuhle gefolgt sind, nämlich Klemens August, Freiherr Droste zu Vischering (1835—1845), Johannes von Geissel (1845—1864), Paulus Melchers (1866—1885), Philippus Krementz (1885—1899), Hubertus Simar (1899—1902), Antonius Fischer (1902—1912) und Felix von Hartmann, sind nur der unmittelbare Nachfolger von Spiegels, von Droste, und die drei letzten Simar, Fischer und von Hartmann in der von Bulle und Breve vorgesehenen Art zu ihrer Würde gelangt. Ja in Trier, wo auf den 1836 verstorbenen von Hommer Wilhelm Arnoldi (1842—1864), Leopold Pelldram (1865—1867), Matthias Eberhard (1867—1876) und 1881 der gegenwärtige Bischof Michael Felix Korum folgten, kam ohne Weiterungen nur eine Wahl, die Eberhards von 1867, zustande. Johannes von Geissel war 1841 behufs Beilegung des Kölner Kirchenstreites auf Grund einer Verständigung zwischen der preußischen Regierung und dem päpstlichen Stuhle zum Koadjutor des Erzbischofs Klemens August mit dem Rechte der Nachfolge ernannt worden und succedierte infolgedessen nach dem Tode jenes ohne weiteres. Direkter Verständigung zwischen Berlin und Rom unter Außergeltungsetzung des ja formell als Privileg verliehenen Kapitelswahlrechtes für den betreffenden Fall verdankten ferner ihre Erhebung im Zusammenhange mit dem Abbruche des Kulturkampfes Bischof Korum von Trier und Erzbischof Krementz von Köln. Die Weiterungen vor der Wahl Pelldrams in Trier hatten ihren Grund vornehmlich in der Ablehnung des zuerst gewählten Abtes Haneberg in München und darin, daß auch in diesem Falle Rom die Besetzung an sich ziehen wollte; doch ist schließlich Pelldram in ordnungsmäßiger Weise, als dem König nicht minder genehm — er war zuvor katholischer Feldpropst der preußischen Armee — gewählt und vom Papste bestätigt worden. Die Streitigkeiten, die anläßlich der Wiederbesetzung des Trierer Bischofsstuhles nach dem Tode seines ersten Inhabers entstanden und zu einer sechsjährigen Sedisvakanz führten, erklären sich rechtshistorisch durch die nicht geringen Schwierigkeiten, auf welche die Einbürgerung des vereinbarten Bischofswahlrechtes wegen des Beharrungsvermögens älterer Anschauungen und Ansprüche zunächst stieß. Während im Sinne des Breves: Quod de fidelium wohl die Erkundung der Genehmheit durch eine Vorwahl lag, glaubte die Regierung Friedrich Wilhelms III. dieſe kurzer Hand durch die Deſignierung einer beſtimmten Perſönlichkeit, die ſie gewählt wiſſen wollte, erſetzen zu können. Dadurch wäre aber das negative Ausſchließungsverfahren, das von dem Breve im Zuſammenhange mit der Bulle vorgeſehen war, zu einem poſitiven Ernennungsrechte geworden, wovon die genannten Erlaſſe ſchon deshalb nichts wußten, weil die Kurie nach feſten, ſelbſt bei der Vereinbarung des franzöſiſchen Konkordats im Jahre 1801 betätigten Grundſätzen nichtkatholiſchen Staatsoberhäuptern derartiges nicht zugeſteht und wohl auch nicht zugeſtehen kann. Sobald darum die preußiſchen Kapitel aus der Gewöhnung des 18. Jahrhunderts, die aber eben nur im Oſten vorhanden war, und mit der man im Weſten vernünftigerweiſe nicht rechnen konnte, zum Bewußtſein des neuen Rechtes gelangten, was in Trier im Zuſammenhange mit dem Kölner Kirchenſtreit geſchah, mußte eine Beſetzung durch Deſignation und bloße Scheinwahl ausgeſchloſſen erſcheinen. Darin liegt die rechtsgeſchichtliche Bedeutung des Trierer Wahlkonflikts der dreißiger und vierziger Jahre des vergangenen Jahrhunderts. Mit ihm hört jene ebenſo ſehr dem Wortlaute wie dem Sinn und Geiſte des vereinbarten Rechtes widerſprechende ältere Praxis auf und hebt, durch Friedrich Wilhelm IV. inauguriert, eine korrektere Handhabung des ſtaatlichen Mitwirkungsrechtes an. Freilich wenn 1842 in Trier, wie das Jahr zuvor in Breslau, zur Ermittelung der Genehmheit eine Kandidatenliſte dem Könige eingereicht wurde, ſo geſchah dies zunächſt nur für den einzelnen Fall. Zu einer mehr grundſätzlichen Regelung und zur eigentlichen Annahme des Liſtenverfahrens auch in Preußen gaben Anlaß die Verhandlungen, die 1864/5 über die Beſetzung des Kölner Erzſtuhles geführt wurden. Dieſe kam ſchließlich in der Weiſe zuſtande, daß der Papſt im Einverſtändnis mit der Regierung den bisherigen Biſchof von Osnabrück, Paulus Melchers, nach Köln verſetzte und zum Erzbiſchof ernannte. Von dauernder Bedeutung aber war, daß, wenn auch ohne Erfolg für dieſen Fall, die Kurie ihre Zuſtimmung zu der von der Regierung ſeit den Zeiten Friedrich Wilhelms IV. betriebenen nachträglichen Einführung der Liſte gab, ſo daß ſeither das Liſtenverfahren in Preußen, wenn ſchon nicht das einzige, ſo doch ein zuläſſiges, ja das allgemein angewandte Mittel zur Erkundung der Genehmheit geworden iſt. Daher konnte Leo XIII. in einem unterm 20. Juli 1900 durch ſeinen Kardinal-Staatsſekretär Rampolla an die deutſchen Wahlkapitel und ſo auch an das Kölner und Trierer gerichteten Erlaſſe: Ad notitiam Sanctae Sedis das preußiſche Biſchofswahlverfahren durchaus auf eine Linie mit dem ehemals hannoverſchen und mit dem oberrheiniſchen ſtellen, von denen jenes von Anfang an die Liſte, jedoch ohne weitere Sicherung gekannt hatte, während dieſem die nach den Vorſchriften des preußiſchen Breves durch ein oberrheiniſches vor Überlaſtung mit Mindergenehmen geſchützte Liſte von jeher eigen war. Das preußiſche und damit auch das kölniſche und trieriſche Beſetzungsverfahren hatte ſich eben im Laufe der Zeit völlig dem oberrheiniſchen angeglichen. Und wenn noch 1865 in einer von dem Kardinal-Staatsſekretär Pius' IX. Antonelli an den preußiſchen Geſandten beim Vatikan gerichteten Note über den Kölner Wahlſtreit hervorgehoben wurde, die Regierung dürfe nur aus haltbaren und gewichtigen, nach der Meinung der Kurie wohl von ihr zu überprüfenden Gründen Kandidaten von der Liſte ausſchließen, ſo iſt ſeither dieſer mit dem vereinbarten Rechte ebenſowenig wie mit der ſtaatlichen Souveränität ſich vertragende Anſpruch, der die völkerrechtsartige Natur des Ausſchließungsverfahrens verkennt, in der Praxis so gründlich gescheitert, daß auch der Erlaß Rampollas ihn nicht aufrechtzuerhalten vermochte. Richtiger Ansicht nach ist die Entscheidung über die Genehmheit oder Mindergenehmheit einzig und allein in das Ermessen der Krone gestellt, was schließlich auch der Erlaß von 1900 dadurch anerkannt hat, daß er den Kapiteln einschärfte, nur solche auf die Liste zu nehmen, die durch eifriges Bestreben, die öffentliche Ruhe zu wahren und dem Landesherrn die Treue zu halten, sich auszeichneten und so dem Landesherrn nicht minder genehm seien. Das Streichungsrecht aber bezweckt, von der Liste der nach bestem Wissen und Gewissen des Kapitels nicht Mindergenehmen den einen oder andern noch zu entfernen, dessen Nichtgenehmheit der Kenntnis des Kapitels sich schlechterdings entzieht. Eine Liste, der gegenüber der König mit der Streichung von einem oder einigen wenigen nicht auskommen würde, wäre deshalb von vornherein vereinbarungswidrig, und es wäre die Regierung befugt, sie, ohne sich erst auf eine Streichung einzulassen, ohne weiteres zurückzureichen, wobei es dem Kapitel überlassen bliebe, wie es sich aus der durch sein rechtswidriges Verhalten geschaffenen Lage ziehen will, ob durch Einreichung einer neuen Liste oder durch Überlassung der Besetzung an den natürlich gleichfalls auf die Verständigung mit der Regierung angewiesenen apostolischen Stuhl. Dadurch aber werden die gleichfalls im Anschluß an den Kölner Wahlstreit von 1864/5 oft erörterten Fragen, ob das Kapitel zur Einreichung einer neuen Liste angehalten werden könne, und ob auf der Liste zwei oder drei Kandidaten als sufficiens numerus für die Vornahme einer gültigen Kapitelswahl übrig zu lassen seien, in Wahrheit gegenstandslos. Übrigens beruht der Erlaß von 1900 nicht auf Vereinbarung. Vielmehr stellt er sich als eine einseitig von der Kirche erlassene Vollzugsverordnung oder besser Dienstweisung zu dem Wahlrecht von Bulle und Breve dar. Doch hat sich die Regierung nicht veranlaßt gesehen, ihn zurückzuweisen, da er das vereinbarte Recht sinngemäß interpretiert. Denn wenn darin eine die Freiheit der Wahl beeinträchtigende Mitwirkung des Regierungskommissars abgewehrt wird, so richtet sich das lediglich gegen die Anwesenheit des Wahlkommissars bei dem Wahlakte selbst und gegen eine formelle, offizielle Beeinflussung der Wahl durch ihn. Diese ist aber in Preußen, wo gewöhnlich der Oberpräsident als Wahlkommissar zur Entgegennahme und Rückgabe der Liste sowie zur Entgegennahme des Wahlergebnisses beauftragt wird, längst aufgegeben. Gegen inoffizielle, lediglich tatsächlich sich geltend machende Beeinflussung, die übrigens weder gegen die Interessen der Kirche zu verstoßen braucht, noch bloß von Berlin auszugehen pflegt, vielmehr gelegentlich von Regierung und Kurie gemeinsam und übereinstimmend ausgeübt worden ist, schützt das Kapitel natürlich kein noch so bestimmtes kirchliches oder staatliches oder beidseitig vereinbartes Recht, sondern allein der feste Wille der Wähler, von dem ihnen verliehenen Wahlrecht selbständig Gebrauch zu machen. Beachtung verdient schließlich noch, daß es in Köln, der durch die oben erwähnte Volkszahl und sonst gegebenen überragenden Bedeutung dieses Erzstuhls entsprechend, seit langem festes Herkommen ist, nur solche zu Metropoliten zu erheben, die sich bereits als Träger bischöflicher Würde bewährt haben. So war Johannes von Geissel zuvor Bischof von Speier, Paulus Melchers aber vertauschte, wie bereits erwähnt, mit Köln das Bistum Osnabrück, indes Philippus Krementz vorher Bischof von Ermland, Hubertus Simar Bischof von Paderborn, Antonius Fischer Titularbischof von Juliopolis und Weihbischof von Köln und Felix von Hartmann Bischof von Münster war. Und zwar hängt es, abweichend vom gemeinen Rechte, bei solchen Berufungen von anderswoher nicht von der Gnade des Papstes ab, ob er den Betreffenden transferieren und admittieren will, ist doch durch die Bulle: De salute animarum für Preußen der Unterschied von Elektion und Postulation aufgehoben, so daß der Papst unter denselben Voraussetzungen wie bei der Wahl eines Nichtbischofs einfach zu bestätigen hat. Ebendahin gehört es, daß der Erzbischof von Köln, schon als solcher geborener Legat des Papstes und zum Tragen des Purpurs berechtigt, gewöhnlich in Kürze zu der Würde eines Kardinalpriesters der römischen Kirche erhoben wird. So war von Geissel seit 1850 Kardinal unter dem Titel des hl. Laurentius im Viminal, Krementz seit 1893 unter dem Titel des hl. Chrysogonus, Fischer seit 1903 unter demjenigen der hl. Nereus und Achilleus, und ist zuletzt 1914 Erzbischof Felix von Hartmann unter dem Titel des hl. Johannes ante Portam Latinam Kardinal geworden.

Die Verfassung der Domkapitel ist in ihren Grundzügen gleichfalls in der Zirkumskriptionsbulle festgelegt und deshalb bis auf den heutigen Tag dieselbe geblieben. Das Kölner Metropolitankapitel besteht aus zwei Dignitäten, der Propstei und der Dechantei, aus zehn Numerar- und vier Ehrenkanonikaten und acht Domvikarien oder Dompräbenden. Zum Trierer Domkapitel gehören außer den beiden Dignitäten, dem Dompropste und dem Domdechanten, acht Numerar- und vier Ehrenkanoniker sowie sechs Domvikare. Für die Dompropstei und für die in den ungeraden, ehemals päpstlichen Monaten erledigten Numerar- und Ehrenkanonikate steht dem Könige die Nominationsbefugnis zu, während der Papst zu instituieren hat; doch tut die päpstliche Provista der Nomination, weil diese von einem nichtkatholischen Landesherrn ausgeht und infolgedessen nicht als Nomination im technischen Sinne des Kirchenrechtes gilt, keine Erwähnung. Die Dechantei, die in den geraden Monaten ledig werdenden Numerar- und Ehrenkanonikate sowie sämtliche Domvikariate besetzt der Ordinarius, in Köln also der Erzbischof, in Trier der Bischof. Nur für das erste Mal war die Besetzung in die Hand des Exsekutors und seiner Subdelegaten gelegt. Diese hatten sich zuerst zu erkundigen, wer von den Kölner und Trierer Kapitularen der Reichszeit noch übrig geblieben und geneigt sei, in die neuen Kapitel, eventuell als überzählige Mitglieder derselben, einzutreten. Angesichts der bescheidenen Bezüge aus Staatsgehalt und Kapitelsmitteln, mit denen sich in den neuen Kapiteln die Mitglieder begnügen mußten, zeigte aber von den übrigens zum Teil hochbetagten und kranken und schon aus diesem Grunde nicht mehr dienstfähigen Angehörigen der alten, feudalen Kapitel niemand Lust zum Übertritt. Dagegen wurde aus den aufgehobenen französischen Kapiteln von Aachen und Trier eine ganze Anzahl von Mitgliedern übernommen; so besetzte Bischof von Hommer im Einverständnis mit der Regierung die Trierer Dompropstei mit dem bisherigen Trierer Generalvikar Cordel und der Ermländer Fürstbischof die Kölner Dompropstei mit dem Aachener Generalvikar Fonck, auch gingen in Trier vier französische Domherren auf preußische Numerarkanonikate über, während in Köln ein ehemaliger Numerar- und ein früherer Ehrenkanoniker von Aachen wirkliche Domherren wurden. Übrigens waren die Kanonikate verschieden dotiert; in Köln, wo der Erzbischof 12000 (seit 1. April 1906 mit Reisezuschuß von 2000 Mk.), Propst und Dechant 2000 Taler (seit 1906 7500 Mk.) beziehen sollten, betrug anfänglich das Staatsgehalt für die beiden ersten Numerarkanoniker 1200, für die sechs folgenden 1000, für die zwei letzten 800 (seit 1906 für sämtliche Domherren ohne Unterschied 5000 bis

6000 Mk.), für die nicht zur Residenz verpflichteten, regelmäßig aus verdienten Pfarrern und Landdechanten genommenen Ehrenkanoniker 100, für die Domvikare 200 Taler, während in Trier, wo dem Bischof 8000 (seit 1906 mit 2000 Mk. Reisezuschuß), dem Dompropst und Domdechanten je 1400 Taler (seit 1906 7000 Mk.) zukommen sollten, die Bezüge der wirklichen Domherren von 1000 Talern an sich so abstuften, daß der dritte und vierte Numerarkanoniker 900, die übrigen (vier) 800 (seit 1906 ohne Unterschied 4500—5500 Mk.) erhielten, und die Gehälter der Ehrendomherren und Domvikare gleichfalls 100 und 200 Taler betrugen. Es gab also verschiedene Rang= und Gehaltsklassen der Domherrenstellen, und infolgedessen war es allerdings von Bedeutung, ob bei Erledigung eines besseren Kanonikates die Inhaber der geringeren ein Optionsrecht mit der Befugnis, dem Dienstalter nach aufzurücken, haben sollten oder nicht. Nach der alsbald nach Errichtung der Kapitel auf Veranlassung des Exsekutors in Gang gebrachten und durch das Kölner Restitutionsdiplom ausdrücklich geforderten Übung fand ein solches Aufrücken der Domherren untereinander und ebenso der Ehrendomherren und der Domvikare für sich statt. Rom aber providierte immer nur für das bestimmte, gerade erledigte Kanonikat, nicht für das durch Aufrücken frei gewordene unterste. Eine Kabinettsordre vom 28. Mai 1836 schloß sich dem unter Beseitigung der älteren Praxis an, beschränkte das Aufsteigen auf die Klasse, für die der Betreffende ernannt war, behielt aber dem König das Recht vor, aus einer niedrigeren in eine höhere Klasse zu versetzen. Im übrigen, namentlich bei ihrem öffentlichen Auftreten im Chor und bei anderen Gelegenheiten, rangieren die Domkapitulare nach ihrem Dienstalter, und für die Domkurien blieb das Optionsrecht weiter in Geltung.

Um Aachen für den Verlust des Bistums einigermaßen zu entschädigen, und mit Rücksicht auf die Bedeutung des dortigen Marienmünsters, seiner Vergangenheit und seiner Stiftungen sah die Zirkumskriptionsbulle die Errichtung eines Kollegiatstiftes daselbst vor. Es sollte nur eine Dignität, die Propstei, und sechs Kanonikate mit denselben Bezügen wie zur bischöflichen Zeit haben. Die Propstei und die Kanonikate der Stiftsherren und der unter Erzbischof Ferdinand August hinzugekommenen Ehrenstiftsherren werden genau so besetzt wie die entsprechenden Stellen in den Domkapiteln. Zum ersten Stiftspropst wurde Johann Matthias Claessen ernannt.

Ebenfalls auf die Bulle: De salute animarum geht zurück die Wiederherstellung des Amtes der Weihbischöfe. Sie war übrigens schon durch den großen Umfang der beiden Diözesen gegeben und durch die dadurch bedingte gewaltige Firmungs= und Visitationstätigkeit gefordert. Der Weihbischof wird durch den Ordinarius regelmäßig aus dem Schoße des Domkapitels vom Papste erbeten, von diesem zum Titularbischof ernannt und dem Ordinarius als Hilfsbischof beigegeben. Die beiden ersten Kölner Weihbischöfe waren zugleich Dompröpste, die späteren stiegen, sofern nicht, wie das zurzeit wieder der Fall ist (zweiter Weihbischof Peter Joseph Lausberg, ernannt 1. Mai, geweiht 29. Juni 1914), ihrer zwei nebeneinander tätig waren, gewöhnlich bald zur Domdechantei (Joseph Müller, Domdechant und Weihbischof seit 8./30. April, konsekriert 7. Juni 1903) auf, wodurch ihnen, da die Bezüge eines Weihbischofs (800 Taler, seit 1906 mit 1000 Mk. Reisezuschuß) an sich unzureichend sind, eine ihrer bischöflichen Stellung angemessene Lebenshaltung ermöglicht wurde. Zum ersten Weihbischof wurde übrigens der frühere Abt von Hamborn, Karl Adalbert, Freiherr von Beyer, ernannt. Als Kirche des Weihbischofs bildete ſich zeitweilig die Minoritenkirche in Köln heraus, die 1853 zur Annexkirche der Kathedrale erhoben und für die Spendung der Firmung und der Weihen beſtimmt wurde; doch werden letztere neuerdings faſt ausſchließlich in der Pfarrkirche Mariae Himmelfahrt und (für Prieſter) im Dome erteilt.

Erwähnen wir zum Schluſſe noch, daß auch die Einrichtung von Klerikalſeminarien, von Emeriten- und Demeritenhäuſern in der Bulle vorgeſehen war, ſo dürfte damit deren Hauptinhalt, ſoweit er uns hier angeht, erſchöpft ſein.

Alles kam auf die Ausführung im einzelnen und auf den erſten Ausbau der ſo geſchaffenen Kirchenkörper an. Ihnen widmeten ſich mit großem Eifer die erſten Inhaber der beiden Biſchofsſtühle, beſonders Erzbiſchof Ferdinand Auguſt, dem das Verdienſt gebührt, mit großer Umſicht und Ausdauer die mühſame, langwierige und oft erfolgloſe Verhandlungen mit Berlin und Rom mit ſich bringende, an Schwierigkeiten und Verdrießlichkeiten reiche Arbeit der erſten Einrichtung, ſo gut es eben ging, getan zu haben. So ſehr ging ihm die Organiſationstätigkeit über alles und ſtand für ihn die möglichſt allſeitige Ingangſetzung des kirchlichen Behördenapparates im Vordergrund, daß er daneben anderes, wie die von Rom beliebte Verſchärfung des Miſchehenrechtes, geringer anſchlug und um den Preis des Entgegenkommens in dem von ihm betriebenen Einrichtungs- und Wiederherſtellungsgeſchäft unbedenklich hintanſetzte.

Aus dieſer ſeiner Einrichtungsarbeit ſei zunächſt die Reſtitution des Metropolitankapitels und deſſen, was damit zuſammenhängt, hervorgehoben. Mit der Beſetzung der Kapitelsſtellen war es nicht getan. Es mußte die Verfaſſung des Kapitels im einzelnen normiert und namentlich auch der Chor- und ſonſtige Gottesdienſt der Kathedrale geregelt werden. Für die Zukunft gab die Zirkumſkriptionsbulle den Kapiteln eine beſchränkte Autonomie; ſie ſollten, allerdings unter Vorſitz, Aufſicht und mit Beſtätigung des Biſchofs und im Rahmen des gemeinen Rechtes, ihre Angelegenheiten ſelbſt durch Statuten und unter Androhung von Strafen für den Fall des Zuwiderhandelns ordnen dürfen. Die erſten Anordnungen hatte aber auf der Grundlage der Bulle und als deren ſubdelegierter Exſekutor der Biſchof zu treffen. Für Köln erließ Erzbiſchof Ferdinand Auguſt ſchon unterm 1. Mai 1825 das Reſtitutionsdiplom. Dazu kamen 1830, von dem Ordinarius ausgearbeitet und vom Kapitel unverändert angenommen, die umfangreichen, die Beſtimmungen der Bulle und des Reſtitutionsdiploms zum Teil einfach aufnehmenden Kölner Kapitelsſtatuten (in Kraft ſeit 26. Mai 1833). Aus ihrem Inhalte ſei nur einiges Wenige herausgehoben. Da die Bulle vorſchrieb, die Seelſorge der Dompfarrei ſolle habituell dem Kapitel, aktuell einem der Domherren zuſtehen, wurde ſie dem zum Domkapitular beförderten bisherigen Dompfarrer Heinrich Filz und zwei Domvikaren als ſeinen Gehilfen übertragen, wie denn auch noch heute ein Kapitelsmitglied, unterſtützt von Dompräbendaren, die Domſeelſorge verſieht. Den Chordienſt in der alten Geſtalt, wie er vor der Säkulariſation beſtanden hatte, wieder aufleben zu laſſen, dazu fehlten die Mittel und war die Zahl der verfügbaren Kräfte zu gering. Gewiſſe Vereinfachungen und eine größere Anpaſſung an den Ritus der römiſchen Kirche erwieſen ſich als unerläßlich und erwünſcht. Den Chordienſt zu verrichten, iſt für die Domherren eine Hauptpflicht. Ihre pünktliche Erfüllung wird erleichtert durch die Einrichtung einer Distributionenkaſſe, an die von jedem Mitglied alljährlich ein beſtimmter Betrag (von den Dignitären 200, von den wirklichen Domherren 100 Taler) abgeführt werden muß, um zuſammen mit den Erträgen des bei der Kaſſe ſich anſammelnden

Vermögens und mit Mitteln, die aus anderen Quellen fließen, in Gestalt von Anwesenheitsgeldern an die Chordienst Tuenden zur Auszahlung zu gelangen. Die adelige Geburt fiel als Erfordernis des Eintrittes in das Kapitel weg. Wohl aber verlangte die Bulle die höheren Weihen und entweder fünf Jahre Kirchendienst oder Versehung einer Professur der Theologie oder des kanonischen Rechts. Dies teils verschärfend, teils mildernd schrieb das Restitutionsdiplom vor, wer bloß dem gemeinrechtlichen Erfordernis des Subdiakonates genüge, müsse binnen Jahresfrist die Priesterweihe nachholen, und es sollten vom 1. Mai 1831 an nur noch Doktoren der Theologie oder des kanonischen Rechtes aufgenommen werden, eine Anordnung, die allerdings in der Folgezeit nicht ängstlich befolgt worden ist. Das Kapitel hat juristische Persönlichkeit und eigenes Vermögen sowie außer der schon erwähnten Befugnis, sich selbst Satzungen zu geben, auch das Recht, ein Siegel zu führen. Bei Erledigung des erzbischöflichen Stuhles soll es, falls ein Koadjutor mit dem Rechte der Nachfolge nicht vorhanden ist, einen der Regierung genehmen Kapitelsvikar wählen, welcher die Zwischenregierung des Bistums besorgt, alsbald das erzbischöfliche Palais, und zwar unter Ausschluß jedes anderen zur Wohnung erhält und ein Viertel der erzbischöflichen Einkünfte bezieht, während ein zweites Viertel dem Kapitel zufällt, das zur Zeit der Vakanz das Tafelgut verwaltet, und die beiden anderen Viertel zur Deckung der Kosten der Wahl, Bestätigung und Inthronisation eines neuen Erzbischofs verwendet werden sollen. Von dieser Bestimmung, die übrigens in ihrem wesentlichen Inhalt auf das Konzil von Trient zurückgeht, glaubte das Kapitel später auch Gebrauch machen zu sollen, als am 20. November 1837 Erzbischof Klemens August von Droste auf die Festung Minden abgeführt wurde. Jedoch es mußte sich durch Gregors XVI. Schreiben: Datae sunt vom 9. Mai 1838 darauf aufmerksam machen lassen, daß die Gefangennahme, durch die das Kapitel als durch eine Art bürgerlichen Todes den erzbischöflichen Stuhl gewissermaßen hatte erledigt sein lassen wollen, derartige Wirkungen nicht haben könne, und daß der Erwählte (Hüsgen) nicht als Kapitelsvikar, sondern in seiner Eigenschaft als Generalvikar des inhaftierten Ordinarius für diesen die Verwaltung weiterzuführen habe. Aber auch nach dem Tode Hüsgens, im Jahre 1841, wählte das Kapitel einen Kapitelsvikar, während der Papst in Dr. Iven für den gefangenen Erzbischof einen neuen Generalvikar bestellte. An der Spitze des Kapitels steht der Dompropst; ihm gebührt die Wahrnehmung aller nicht ausdrücklich einer anderen Stelle vorbehaltenen Kapitelsangelegenheiten. Insbesondere beruft und leitet er die Kapitelsitzungen und führt er die Vermögensverwaltung, zu welchem Zwecke ihm jeweilen auf drei Jahre ein Ausschuß von drei Kapitelsmitgliedern beigegeben ist. Dem Domdekan untersteht alles, was den Gottesdienst in der Domkirche betrifft; er hat auch die Disziplin über den Sekundar-Domklerus und über die niederen Kirchendiener. So die Ordnung des Kölner Metropolitankapitels. Für das Trierer Dom- und das Aachener Stiftskapitel wurde ähnliches verordnet.

Nun waren aber die Domkapitel nicht nur für den Chordienst und als Wahlkörper für die Bischofswahl wiederhergestellt worden, sondern namentlich auch, damit die Ordinarien aus ihnen die Gehilfen für die Leitung der ihnen unterstellten Diözesen nehmen könnten. Als solches wirkt das Kapitel bei der Bistumsregierung mit durch Erteilung von consensus und consilium in den vom kanonischen Rechte als zustimmungs- oder wenigstens befragungsbedürftig erklärten Fällen und seit dem Dekret: Maxima cura über die Ver- und Absetzung auf dem Verwaltungswege durch zwei seiner Mitglieder auch bei der

Beſtellung der zwölf aus den Pfarrern (Dechanten) genommenen Proſynodalkonſultoren. Darüber hinaus ſind z. B. die Kölner Domkapitulare nach einer ausdrücklichen Beſtimmung des Reſtitutionsdiploms verpflichtet, dem Erzbiſchof bei der Leitung des Bistums auf ſein Verlangen beizuſtehen, d. h. ihm als Räte in ſeinen Behörden zu dienen, eine Verpflichtung, welche die preußiſche Zirkumſkriptionsbulle anders als das bayeriſche Konkordat von 1817 nicht beſonders ausgeſprochen hat, aber wohl nur, weil ſie von ihr als ſelbſtverſtändlich vorausgeſetzt ist. Als ſolche biſchöfliche Behörde richtete Erzbiſchof von Spiegel zunächſt nur das Generalvikariat ein. An deſſen Spitze ſtellte er den Domdechanten Johann Hüsgen als erſten Generalvikar der Erzdiözeſe. Im übrigen zerfiel das Generalvikariat in zwei Abteilungen, in denen beiden außer dem vorſitzenden Generalvikar der weltliche Kanzler des Erzbistums ſaß ſowie zwei Domkapitulare als Räte; die erſte Abteilung war die eigentliche Regierungsbehörde für die Verwaltung der geiſtlichen Sachen, die zweite, auch Konſiſtorium erſter Inſtanz geheißen, hatte als erzbiſchöfliches Gericht die Rechtsſachen zu erledigen, von denen gleich die Rede ſein ſoll. In Trier ſaßen ſämtliche Mitglieder des Domkapitels in dem biſchöflichen allgemeinen geiſtlichen Rate. Daneben gab es ein Generalvikariat mit dem Domkapitular Wilhelm Arnold Günther als erſtem Trierer Generalvikar und drei anderen Domherren ſowie dem Juſtitiar des Bistums, dem früheren Bonner Profeſſor der Rechte Matthias Joſeph Euler, als Beiſitzern. Das ehemalige Generalvikariat in Ehrenbreitſtein lebte fort in einem ebenda reſidierenden biſchöflichen Kommiſſariat für den rechtsrheiniſchen Bistumsanteil, beſtehend aus einem Kommiſſar, zwei Aſſeſſoren und einem Sekretär, die zum Teil aus der Pfarrgeiſtlichkeit genommen waren. Als ein Überreſt des Conſeil épiscopal, den in franzöſiſcher Zeit der Biſchof von Aachen für die Bezirke Koblenz, Bonn und Simmern, die drei Unterpräfekturen des Rhein- und Moſeldepartements, neben ſeinem Aachener Generalvikariat in Koblenz gehalten hatte, hat man wohl das trieriſche Provikariat für den Diözeſananteil im Regierungsbezirke Koblenz anzuſehen, das mit dem Pfarrer U. L. F. in Koblenz, wo es auch ſeinen Sitz hatte, als Provikar und mit einem ſeiner Kapläne als Sekretär beſetzt war. Der Ehrenbreitſteiner Kommiſſar, der übrigens auch die Kirchenrechnungen für die rechte Rheinſeite zu revidieren hatte, und der Koblenzer Provikar nahmen insbeſondere auch den Geiſtlichen die Prüfung ab, der ſich dieſe bis zum 60. Lebensjahre in beſtimmten Zeitabſchnitten unterziehen mußten, um die Approbation für den Beichtſtuhl verlängert zu erhalten. Dieſes Kuraexamen abzunehmen war für die übrige Diözeſe Sache einer vierköpfigen Synodalexaminationskommiſſion.

Mehr als alles andere lag Erzbiſchof Ferdinand Auguſt die Wiederherſtellung der geiſtlichen Gerichtsbarkeit am Herzen. Auf der linken Rheinſeite hatte die Zivilkonſtitution des Klerus und ein Geſetz vom 6./7. September 1790 alle und jede geiſtliche Gerichtsbarkeit beſeitigt. Auch in rein geiſtlichen Dingen vermochten die Offizialitäten von Aachen, Koblenz und Trier nicht tätig zu werden. Rechtsrheiniſch amtete das zum Deutzer Offizialat gewordene Kölner zur Zeit des Erlaſſes der Zirkumſkriptionsbulle nur noch für elf Pfarreien in den Kreiſen Altenkirchen und Neuwied, indes ein von ihm aus für das Vest Recklinghauſen begründetes Offizialat daſelbſt infolge der Vereinigung der Grafſchaft Recklinghauſen mit dem Großherzogtum Berg ein Ende genommen hatte, wogegen das Offizialat Werl für den weſtfäliſchen Teil des alten Erzſtiftes zwar 1802 für alle anderen als rein geiſtlichen Sachen die Zuſtändigkeit einbüßte, im übrigen aber, noch 1808 neu besetzt, bis 1825 ein kümmerliches Dasein fristete. In Berlin trug man sich mit dem Gedanken, die geistliche Gerichtsbarkeit auch da, wo sie sich, wie in Breslau, noch mit bürgerlicher Wirkung erhalten hatte, zu reduzieren, wollte aber mit der Reorganisation in den westlichen Provinzen, wo die Verhältnisse nach dem Mitgeteilten besonders günstig lagen, beginnen. 1816 von den Regierungen in Aachen, Kleve, Düsseldorf und anderwärts, bei den Konsistorien von Köln, Münster und Koblenz und bei der theologischen sowie bei der juristischen Fakultät in Münster erhobene Gutachten darüber, ob es sich empfehle, die aufgehobene geistliche Gerichtsbarkeit, ähnlich wie es für Südpreußen geplant sei, nur für Verlöbnis- und Ehesachen in ungemischter Ehe, für geistliche Disziplinarfälle und für kirchliche Verbrechen wieder zuzulassen, sprachen sich im Sinne der Anfrage aus. Deshalb versprach man in Rom bei den Verhandlungen über die Zirkumskriptionsbulle lediglich, die rheinisch-westfälischen Bischöfe in bezug auf die geistliche Gerichtsbarkeit denen der östlichen Provinzen gleichstellen zu wollen. So berührte denn auch die Bulle selbst die geistliche Gerichtsbarkeit nur mit der allgemeinen Wendung, es würden den preußischen Erzbischöfen und Bischöfen alle einzelnen Befugnisse, Vorzüge, Vorrechte und Privilegien, die anderen Erzbischöfen und Bischöfen in deutschen Landen von Rechts wegen zukämen, zugeteilt und bestätigt. Graf Spiegel hatte gleich bei den Verhandlungen über seine Ernennung zum Erzbischof von Köln die Bedingung gestellt, es solle das geistliche Gerichtswesen in den Rheinlanden auf dem kanonischen Fuße wiederhergestellt werden, und zwar mit bürgerlicher Wirkung. Der Kultusminister von Altenstein verhielt sich nicht ablehnend, auch nicht der Justizminister von Kircheisen. Spiegel betrieb die Angelegenheit in Berlin persönlich, und alles schien nach Wunsch zu gehen. Mit dem vortragenden Rate Schmedding wurde vereinbart, die zweite Abteilung des Kölner Generalvikariates solle die erste Instanz bilden für alle contentiosa ecclesiastica, namentlich für Ehe- und Benefizialsachen. Die zweite Instanz solle zum Vorsitzenden einen vom Erzbischof ernannten Prälaten, als Beisitzer zwei geistliche Räte und einen vom Erzbischof vorgeschlagenen katholischen Justizbeamten haben, und an sie sollten alle Appellationen sowohl aus der Erzdiözese als auch aus den Suffraganbistümern gebracht werden. Die dritte Instanz sollte ein Zentralprosynodalgericht in Aachen bilden. Letzteres war eine Lieblingsidee Spiegels. Der Vorsitz war dem Aachener Stiftspropst zugedacht, vier Beisitzer aus der Erzdiözese und den drei Suffraganbistümern nebst einem Justitiar waren zur Besetzung des Gerichtes vorgesehen. Jedoch in Rom, wo man hinter dieser Einrichtung territorialistische Absichten witterte und von ihr eine Beeinträchtigung der primatialen Rechte befürchtete, verhielt man sich durchaus ablehnend und verweigerte man die erforderlichen päpstlichen Fakultäten, so daß der Plan fallen gelassen werden mußte. Dazu kam, daß der seit 1825 an Kircheisens Stelle getretene, völlig in landrechtlichen Vorstellungen lebende Justizminister Graf Dankelmann für ganz Preußen die geistliche Gerichtsbarkeit noch unter den Stand der südpreußischen Konstitution herabsetzen wollte. Mit Rücksicht darauf konnte in Köln die zweite Instanz des Konsistoriums nicht eingerichtet werden. Da wandte sich der Kölner Erzbischof in einer Immediateingabe an König Friedrich Wilhelm III. Dieser wies durch Kabinettsordre vom 24. Dezember 1829 die Ministerien des Kultus, des Äußern und der Justiz an, über den Stand der Frage zu berichten und die Angelegenheit bald zu erledigen. Auch der Tod Dankelmanns schien einen Stein aus dem Wege zu räumen. Dazu kam, daß die weitgehenden Befugnisse des Erfurter geistlichen Gerichtes im staatlichen Interesse eine für ganz Preußen gültige Regelung nahelegten, die zwischen dem Erfurter Zuviel und dem rheinischen Nichts die Mitte hielt und so für Köln und seinen Erzbischof einen Gewinn bedeutete. Schließlich bot sich Spiegel 1834 noch die Gelegenheit, in der Frage der gemischten Ehen den König sich zu verpflichten und als Gegenleistung die beschleunigte Einrichtung des geistlichen Gerichtswesens sich auszuwirken. Alles schien günstig zu liegen. Selbst der Justizminister war nunmehr von der Unentbehrlichkeit einer kirchlichen Ehegerichtsbarkeit mit bürgerlicher Wirkung überzeugt, und im Rheinlande verlangte die Geistlichkeit, um nicht lediglich dem Ermessen des Ordinarius überantwortet zu sein, für Disziplinarsachen kirchliche Gerichte. Da starb Spiegel am 2. August 1835. Seinem Nachfolger glaubte man in Berlin in dem Konflikte wegen der Mischehen durch eine umfassende staatsgesetzliche Regelung der kirchlichen Verhältnisse beikommen zu können. 1838 wurde auch ein Entwurf eines Gesetzes über die kirchliche Gerichtsbarkeit ausgearbeitet; vor sie sollten gehören rein geistliche Sachen, geistliche Disziplinarfälle, Ehesachen bei nichtgemischten Ehen und nur wegen derjenigen bürgerlichen Wirkungen, die, wie Annullation und Separation, mit dem kanonischen Rechte zusammenhingen. Drei Instanzen, jede mit einem höheren Geistlichen als Vorsitzenden, mindestens zwei geistlichen Räten und einem zum staatlichen höheren Richteramte qualifizierten Beisitzer, sollten eingerichtet werden. Der Staatsrat hielt jedoch den Erlaß dieses Gesetzes und anderer damit in Beziehung stehender für nicht opportun, und eine Kabinettsordre vom 1. (9.) Mai 1844 begrub sie endgültig. Zu einer Wiedereinführung geistlicher Gerichtsbarkeit mit bürgerlicher Wirkung ist es nicht gekommen.

Erwähnen wir noch, daß unter Erzbischof von Spiegel in Köln das Priesterseminar und in Bonn das Konvikt für die dortigen Studierenden der katholischen Theologie eingerichtet wurde, und daß unter Bischof von Hommer in Trier auch das Klerikalseminar auf Grund von Statuten, die noch von Bischof Mannay (1. November 1806) herrührten, zum geistlichen Stand und Berufe vorbereitete, während ein Konvikt erst 1840 durch einen privaten Verein gegründet und dann 1847 vom Bischof übernommen wurde, und heben wir hervor, daß für die notleidenden Domfabriken, für die eine Vermehrung der Ausstattung in der Zirkumskriptionsbulle nicht hatte zugesagt, sondern nur erhofft werden können, zur Entlastung des Staates seit 1825 auf Grund einer Kabinettsordre vom 13. April dieses Jahres eine Kathedralsteuer in Gestalt von Zuschlägen zu den Stolgebühren bei Sterbefällen, Taufen und Trauungen erhoben wurde, so dürften damit die wichtigsten Errungenschaften herausgehoben sein, welche die erste Zeit nach der Bistumserrichtung für die Zentraleinrichtungen der beiden Diözesen brachte.

Nicht minder galt jedoch die oberhirtliche Fürsorge der ersten Bischöfe den einzelnen kirchlichen Anstalten und Amtsstellen. Auf dem linken Rheinufer blieb die dritte französische Pfarrorganisation nach Maßgabe des Dekrets vom 30. September 1807 samt der das Kirchengut, die Friedhöfe und anderes betreffenden Gesetzgebung dauernd in Geltung. Für den Bischof hatte das im Vergleich mit anderen deutschen Bistümern namentlich den nicht zu unterschätzenden Vorteil, daß die Besetzung der kirchlichen Stellen, sofern nicht die Erteilung des Plazet durch die Regierung verweigert wurde, in seiner Hand lag, und daß der Klerus, weil von ihm abhängig, leichter in Zucht und Ordnung zu halten war; denn landesherrliche und andere Patronate, die anderwärts noch auf Jahrzehnte hinaus den Einfluß des Bischofs auf die ihm untergebene Geistlichkeit mehr oder weniger lahmlegten, gab und gibt es im Rheinlande nur auf der rechten Rheinseite, und die Einrichtung der Desservants, das heißt von finanziell schlechter gestellten, ad nutum episcopi amovibeln Pfarrern an den sogenannten Sukkursalen oder Hilfskirchen hat erst das preußische Gesetz vom 11. Mai 1873 beseitigt, indem es bestimmte, jedes Pfarramt solle innerhalb eines Jahres vom Tage seiner Erledigung an dauernd besetzt werden. Im übrigen aber erschwerte die Verschiedenheit der kirchlichen Einrichtungen und des für sie maßgebenden staatlichen Rechtes auf den beiden Rheinseiten für lange die Leitung und Verwaltung namentlich des Kölner Sprengels ganz erheblich. Eine gewisse Vereinheitlichung wurde zuerst angebahnt durch die Einrichtung von Dekanaten. Da die alte Archidiakonatsverfassung und Christianitätseinteilung auf der linken Rheinseite ganz, auf der rechten nahezu beseitigt war, hob Erzbischof Ferdinand August durch Erlaß vom 24. Februar 1827 alle älteren Bestimmungen und alles Herkommen betreffend die Begrenzung der Landdekanate, die Ernennung und Wahl der Landdechanten und ihre Geschäftsführung auf und teilte mit Zustimmung des Metropolitankapitels die Erzdiözese in 44 Dekanate ein. Die ersten Dechanten ernannte er selbst auf unbestimmte Zeit. Für den Fall, daß eine Landdechantenstelle durch Tod, Wegzug aus dem Dekanat, Abberufung seitens des Ordinarius oder sonstwie frei würde, sollte künftighin die Besetzung in der Weise erfolgen, daß das aus Pfarrern des Dekanats sich zusammensetzende Dekanatskapitel mit Stimmenmehrheit drei Pfarrer des Dekanats der Oberdiözesanbehörde in Vorschlag brachte und der Erzbischof nach Erwirkung des königlichen Plazet einen von ihnen auf fünf Jahre ernannte. Eine Ablehnung sollte nur bei erwiesener körperlicher Schwäche möglich sein. Der Dekan hatte vor dem Generalvikar oder dem Landkapitel in bestimmter Form treue Amtsführung eidlich zu geloben. Eines besonderen Dekanatsbenefiziums entbehrend, vielmehr rein ehrenamtlich tätig und auf die Verpflegung durch die Amtsbrüder sowie einige geringfügige Gebühren angewiesen, sollte der Landdechant das Organ der erzbischöflichen Behörde in der Verwaltung des Dekanatsbezirkes sein. Ihm liegt ob die Aufsicht über die Geistlichen und deren Amtsführung sowie über die kirchlichen Anstalten und über die Verwaltung des Kirchenvermögens, und zwar führt er sie teils durch alljährliche förmliche Visitation, teils durch persönliche oder schriftliche Erkundigung. Doch geht ihm Jurisdiktion ab, so daß er für die Regel nur zu ermahnen und an den Ordinarius zu berichten imstande ist. Die Dechanten sorgen für das Begräbnis verstorbener Pfarrer und für die Versehung der Pfarrstellen in der Zwischenzeit bis zur Wiederbesetzung. Den neu ernannten Pfarrer führen sie in sein Amt ein. Sie vermitteln den amtlichen Verkehr zwischen dem Erzbischof und seiner Behörde einerseits und den Geistlichen ihres Dekanates anderseits. Sie berufen und leiten die drei ordentlichen Dekanatsversammlungen des Jahres und etwaige außerordentliche, auf denen die Pfarrer des Dekanates zu erscheinen haben, amtliche Eröffnungen gemacht, der Dekanatsaufsatz eines der Teilnehmer vorgelesen und über die Amtsführung gemeinschaftlich beraten wird. So die Dienstinstruktion Erzbischof Ferdinand Augusts vom 24. Februar 1827. Kurz nachher, am 19. Oktober, teilte auch Bischof von Hommer seinen Trierer Sprengel in 26 Dekanate ein; die Rechte und Pflichten der Dekane wurden von ihm und seinem Nachfolger Arnoldi durch eine Reihe von Erlassen der zwanziger, dreißiger, vierziger und fünfziger Jahre in ähnlicher Weise wie für Köln bestimmt.

Mit dem Hinweis darauf, daß von Spiegel im Jahre 1826 auch eine Vikariatsordnung erlassen hat, durch die er die Rechts- und Dienstverhältnisse der Pfarrvikare regelte, nehmen wir von der Gründungsperiode Abschied und wenden uns dem Pontifikate von Geissels zu, der recht eigentlich als der Organisator der Erzdiözese nicht nur, sondern bis zu einem gewissen Grade auch der Kirchenprovinz erscheint.

Freilich bis über die Koadjutorzeit hinaus, näherhin bis 1848 fand sich auch für ihn, wenn man von seinen erfolgreichen Bemühungen um die Förderung des Dombaues absieht, wenig Gelegenheit zu organisatorischer Tätigkeit in größerem Stile. Die vorangegangenen Wirren und der sich noch mehrere Jahre auslebende absolute Polizeistaat mit seinem Staatskirchentum wirkten trotz des persönlichen Wohlwollens Friedrich Wilhelms IV. zunächst noch lähmend ein. Dazu kam, daß von Geissel in die neue Aufgabe sich erst einarbeiten mußte. Hierzu gaben ihm allerdings die beschränkten Verhältnisse, die er antraf, Anlaß genug. Denn was er an Hilfskräften vorfand, genügte nicht im mindesten, war doch „die ganze Einrichtung des Generalvikariats" nach seinen eigenen Worten „eine arme Manns-Haushaltung". Der Koadjutor übernahm alsbald selbst den Vorsitz in den Sitzungen dieser Behörde und ließ alles durch seine Hand gehen, lange Zeit eigentlich nur unterstützt durch die Geschäftskunde des ihm alles andere als besonders vertrauten Domkapitulars München. Erst 1846 gewann er durch die Ernennung des Domherrn Baudri zu seinem Generalvikar einen weiteren Gehilfen. Immerhin wurde schon jetzt manches unternommen und vorbereitet. So setzte Geissel gegenüber der Bonner theologischen Fakultät über die nach deren Statut dem Erzbischofe zustehenden Aufsichtsrechte in Sachen der Lehre und des priesterlichen Wandels hinaus das kirchliche Recht der missio canonica durch, wonach ohne bischöfliche Ermächtigung niemand im Bistum, auch nicht der staatliche Theologieprofessor, als Religionslehrer tätig sein und diese Ermächtigung, wenn gegen den Betreffenden Bedenken sich ergeben, jederzeit widerrufen werden kann. Das staatliche Amt selbst, insbesondere Gehalt und Rang, blieben dagegen, so gerne man kirchlicherseits auch dessen Verlust hätte eintreten sehen, dem Gemaßregelten dank dem Widerstande der Staatsbehörde erhalten, nur die Ausübungsmöglichkeit sollte, soweit die kirchliche Glaubens- und Sittenlehre in Frage stand, fortan benommen sein. Weniger Aufsehen erregten die Maßnahmen, die Geissel in den Jahren 1843—1846 zur Verbesserung der Kirchengutsverwaltung, insbesondere der Rent- und Kassenbuchführung, und zwar in der Sache übereinstimmend für beide Rheinseiten traf. Sie haben um die Wende des Jahrzehnts ihre Fortsetzung und ihren Abschluß gefunden in Verordnungen, die auf der rechten Rheinseite an Stelle der nunmehr wegfallenden bergischen Kirchenvorstände Kirchenräte nach dem Vorbilde der linksrheinischen, aus französischer Zeit überkommenen bildeten, diese anwiesen, in allen bisher an die Landräte und Regierungen gebrachten Verwaltungsangelegenheiten sich fortan an die kirchlichen Behörden zu wenden, und schließlich unterm 1. Mai 1851 eine erzbischöfliche Rechnungsrevisionskammer ins Leben riefen. Auch der tatkräftigen Förderung des Ordens- und Vereinswesens mag an dieser Stelle gedacht werden, die Geissel schon in seinen Anfängen sich zur Pflicht machte.

Freiere Hand erhielt der Erzbischof für diese wie für andere Dinge erst infolge des Umschwungs, den das Jahr 1848 und die von ihm entfachte Bewegung brachten. Wir müssen uns darauf beschränken, die unmittelbaren

Wirkungen darzustellen, die das Sturmjahr für das katholische Kirchenwesen in den Rheinlanden zeitigte. Geissel verstand es vortrefflich, die Lage zu Gunsten seiner Kirche auszunutzen. Mit fieberhafter Eile zog er die praktischen Folgerungen aus dem Rückzug des Staates auf sein eigentliches Gebiet, aus dessen Umwandlung aus dem Polizei- in den Rechtsstaat, aus dem siegreich durchbrechenden Prinzip der Selbstverwaltung.

Kurz nach der Würzburger Bischofsversammlung, deren Vorsitz ihn gewissermaßen an die Spitze des gesamten deutschen Episkopats gestellt hatte, schrieb er mit eigener Hand und fliegender Feder jenen Erlaß vom 26. Dezember 1848, durch den er seine geistlichen Behörden nach Beseitigung der „mehrfachen, früher entgegenstehenden Hindernisse" nach seinem Sinne umgestaltete und ausbaute. Das Generalvikariat sollte weiter bestehen bleiben. „In allen Verwaltungssachen wird mein General-Vikariat — der General-Vikar mit dem Kanzler des Erzbistums und den beigeordneten Räten und Assessoren — fortfahren, die vorkommenden administrativen Geschäfte nach den bestehenden Gesetzen und Bestimmungen in dem bisher beobachteten Geschäftsgange vorzunehmen." Dagegen wurde statt der bisherigen zweiten Abteilung dieser Behörde, genannt erzbischöfliches Konsistorium „zur Ausübung der dem Ordinarius zustehenden contentiösen Gerichtsbarkeit, welche die gerichtliche Behandlung und Entscheidung der in der Erzdiözese bezüglich der Disziplinar- und Ehesachen vorkommenden Streitigkeiten zum Gegenstande hat, eine besondere Gerichtsstelle" unter dem Namen erzbischöfliches Offizialat eingesetzt, um „fortan in diesen kontentiösen Disziplinar- und Ehesachen als Disziplinargericht und Konsistorium erster Instanz gerichtlich zu verhandeln und zu entscheiden". Für alle seine Aufgaben sollte das Offizialat besetzt sein mit einem Präses, dem erzbischöflichen Offizial, mit dem Kanzler des Erzbistums als Justitiar, mit einem Promotor in Disziplinar- und anderen geistlichen Rechtssachen, mit einem Defensor matrimonii in Ehesachen, mit zwei Offizialatsräten, mit zwei Offizialatsassessoren aus dem Pfarrklerus und mit einem Aktuar. Bischof Arnoldi von Trier ahmte übrigens diese Einrichtung schon am 29. Dezember 1851 nach, nur daß dem Trierer Offizialat der Justitiar fehlte. Für Köln, die Metropolitankirche, war es aber damit nicht getan. Schon 1846 hatte Geissel ein Konsistorium zweiter Instanz eingerichtet, aber aus Mangel an Hilfskräften selbst den Vorsitz darin übernehmen müssen, während zwei Domkapitulare als provisorische Beisitzer fungierten. Jetzt bestimmte er, daß, weil ihm „als Erzbischof und Metropolit außer der Jurisdiktion eines Ordinarius auch die Metropolitangerichtsbarkeit zweiter Instanz sowohl für die aus den übrigen Bistümern der Kirchenprovinz wie für die aus der Erzdiözese selbst eingelegten Appellationen" zustehe, sein Offizialat unter der Bezeichnung erzbischöfliches Metropolitikum erster Abteilung zugleich als Disziplinar- und Ehegericht für die aus den Suffraganbistümern eingebrachten Berufungen gerichtlich verhandeln und erkennen solle. Den Vorsitz in diesem Metropoliticum erster Abteilung behielt sich der Erzbischof, so oft er es für angemessen erachten würde, vor; der Offizial sollte in solchem Falle als erster Rat mitwirken und einer von den Räten oder Assessoren ausscheiden. Ein besonderes Metropolitikum zweiter Abteilung wurde für die Appellationen aus der Erzdiözese selbst eingerichtet; es sollte bestehen aus einem Direktor als Vorsitzenden, aus dem erzbischöflichen Kanzler als Justitiar, aus dem Promotor, aus dem Defensor matrimonii, aus zwei Räten, zwei Assessoren und dem Aktuar. Jeder dieser drei bezw. zwei Gerichtshöfe sollte im einzelnen

Falle mindestens mit dem Vorsitzenden und zwei Votanten besetzt sein. Der Kanzler hatte jedesmal sein Gutachten über den Stand der obschwebenden Sache im Sinne der Anwendung und Aufrechterhaltung der Gesetze und anderer einschlägiger Bestimmungen abzugeben; bei der Urteilfindung selbst sollte er dagegen nicht mitwirken. Den Räten und Assessoren war für beide Instanzen entscheidende Stimme eingeräumt; der Vorsitzende hatte das Urteil nach der Mehrheit der Stimmen auszusprechen. Anders nur, wenn der Erzbischof selbst im Metropolitikum erster Abteilung den Vorsitz führte; dann stand den Räten und Assessoren nur beratende Stimme zu. Maßgebend für die Rechtsprechung in diesen Gerichten sollte sein das gemeine Recht der katholischen Kirche und der gewöhnliche kanonische Prozeßgang, soweit beides zulässig und ausführbar war. Für Disziplinarsachen von nicht bepfründeten Geistlichen wurden besondere Bestimmungen in Aussicht gestellt. Doch sollte schon jetzt das Offizialat solche Sachen, wenn sie ihm vom Erzbischof oder von seinem Generalvikar zugewiesen würden, als vorläufig einzige Instanz in summarischem Verfahren behandeln gemäß den in der Erzdiözese geltenden Normen, wie solche bisher im Geschäftsgange des Generalvikariats eingehalten worden waren. Damit war für diese nicht bepfründeten Geistlichen, insbesondere für die linksrheinischen Sukkursalpfarrer, eine größere Rechtssicherheit geschaffen als zuvor, somit ein gewisser Ausgleich zwischen der Lage des bisher sehr verschieden gestellten rechts- und linksrheinischen Klerus erreicht und unter voller Wahrung der bischöflichen Autorität und der kirchlichen Disziplin der Agitation geschickt die Spitze abgebrochen, die unter dem Einflusse der politischen Gärung unter der katholischen Geistlichkeit im Rheinlande von dem gelehrten Pfarrer Binterim zu Bilk und anderen im Sinne der Neubelebung der Diözesansynoden und der Schaffung größerer Garantien für den Klerus in Gang gebracht worden war. Aber auch dem Staate gegenüber, von dem man nicht wissen konnte, ob er nicht wieder in höherem oder geringerem Maße in sein altes System der Bevormundung der Kirchen zurückfallen werde, war durch diese raschen Maßnahmen, deren Ergänzung und Abänderung auf Grund der damit gemachten Erfahrungen Geissel sich übrigens noch besonders vorbehielt, eine vollendete Tatsache geschaffen. Bemerkt werden muß, daß damit die kirchliche Gerichtsbarkeit nicht in dem Sinne, wie Spiegel es angestrebt hatte, wiederhergestellt war, sondern ohne jede bürgerliche Wirkung. Ein Königlicher Erlaß vom 2. Januar 1849 hatte ausdrücklich die geistliche Gerichtsbarkeit in allen weltlichen Angelegenheiten, namentlich auch in Prozessen über die zivilrechtliche Trennung, Ungültigkeit oder Nichtigkeit einer Ehe für abgeschafft erklärt, das heißt den Urteilen der geistlichen Gerichte in diesen Dingen jede bürgerliche Wirkung abgesprochen und sie auf das rein geistliche Gebiet beschränkt. Nur in diesem Sinne erkannte auch der Kultusminister von Raumer durch einen Runderlaß im Juli 1851 den Fortbestand der geistlichen Gerichte in Disziplinar- und Ehesachen „nach Lage der gegenwärtigen Gesetzgebung" an.

Eine Zurückweisung zogen sich von Geissel und Arnoldi dagegen gleich den meisten übrigen Mitgliedern des Episkopats in der Frage der kirchlichen Stellenbesetzung zu. Zwar das landesherrliche Plazet, das die libera collatio des Ordinarius, wo sie, wie durchgängig auf der linken Rheinseite für Pfarrstellen, bestand, aber auch die Ernennung der Landdechanten und die in der Zirkumskriptionsbulle dem Bischof eingeräumten Besetzungsbefugnisse, ja sogar die Auswahl des Weihbischofs nicht selten illusorisch machte, fiel nunmehr dahin, wogegen aus naheliegenden Gründen eine Beförderung durch den König zu einem Kirchenamte, also namentlich zur Dompropstei oder zu einem Kanonikate, auch weiterhin nur mit bischöflichem Idoneitätszeugnis möglich war. Diese Plazetierung beruhte eben lediglich auf Landesrecht und war vom Staate eigenmächtig, ja im Widerspruch mit dem vereinbarten Rechte der Zirkumskriptionsbulle eingeführt oder beibehalten worden. Mit der oktroyierten Verfassung und ihrem Artikel 15: „Das dem Staate zustehende Vorschlags-, Wahl- oder Bestätigungsrecht für kirchliche Stellen wird aufgehoben" konnte und mußte es ohne weiteres dahinfallen, wodurch von Geissel u. a. 1849 instand gesetzt wurde, nach erfolgter Verständigung mit dem päpstlichen Stuhl seinen Generalvikar Baudri sich als Weihbischof beizugesellen. Wenn dagegen er und andere Bischöfe in ihrem Übereifer nunmehr auch die königlichen Patronate, namentlich die aus der Säkularisation herrührenden, ja sogar die der Krone in der Bulle zugesicherten Besetzungsbefugnisse dahingefallen wähnten und demgemäß praktisch verfuhren, so mußten sie sich durch die Staatsgewalt und bald durch Artikel 18 der Verfassung vom 31. Januar 1850 mit dem Zusatze: „soweit (jenes Recht) nicht auf dem Patronat oder besonderen Rechtstiteln beruht", eines Bessern belehren lassen. Bezüglich der fiskalischen Patronate kam es bekanntlich später zu besonderen Abmachungen, so z. B. am 15. Oktober 1870 zu einer Vereinbarung der Staatsregierung mit dem Bischof Eberhard von Trier, wonach von 25 strittigen Pfründen neun Pfarrstellen vom Bischof als dem Patronate des Landesherrn unterworfen anerkannt wurden, während dieser bezüglich der andern seine Ansprüche aufgab; ein entsprechendes Abkommen für Köln, das vorbereitet war, wurde durch den Ausbruch des Kulturkampfes vereitelt, seit 1885 begnügt sich der Oberpräsident für die betreffenden Pfarreien mit einer bloßen Benennung, die kein ius ad rem gibt; auch können beide Teile den anderseits benannten Kandidaten ohne Angabe von Gründen, der Oberpräsident auch ohne Innehaltung der Frist von dreißig Tagen, ablehnen. Was aber die königlichen Besetzungsrechte auf Grund der Zirkumskriptionsbulle anlangt, die doch, weil auf einer Art Konkordat mit der Kirche beruhend für die Bischöfe über alle Anfechtung hätten erhaben sein müssen, so hat auf eine Anfrage in Rom hin dieses sich veranlaßt gesehen, von sich aus die Vertragstreue für die kirchliche Seite zu wahren und den Bischöfen in einem Breve zu eröffnen, daß an dem bisher beobachteten Verfahren nichts zu ändern sei.

Gleichfalls in Benutzung der durch die Ereignisse von 1848 gewonnenen Bewegungsfreiheit führte Erzbischof von Geissel unterm 2. Januar 1849 für die Erzdiözese eine Pfarrbefähigungsprüfung ein, indes Trier in dem examen pro cura principali, wenn auch in unvollkommenerer Gestalt, schon seit dem 5. April 1831 etwas Ähnliches hatte. Während in Süddeutschland, namentlich in den Gebieten der oberrheinischen Kirchenprovinz der generelle Pfarrkonkurs durch die Regierungen eingeführt und lange Zeit allein gehandhabt wurde und die Bischöfe ihn erst nach heftigen Kämpfen, unbestritten sogar erst mit den Konventionen mit Rom bezw. nach deren Fall in die Hand bekamen, ist im Rheinlande diese Einrichtung von vornherein als kirchliche ins Leben getreten und vom Staate von Anfang an als ohne weiteres gegebene Betätigung der kirchlichen Selbstverwaltung aufgefaßt worden. Zu den beiden bereits vorhandenen Prüfungen der Priester, derjenigen für den Empfang der Priesterweihe und dem Curaexamen, trat nun eine dritte, bestimmt für den Nachweis, daß die Bewerber um Pfarrstellen seit ihrer Priesterweihe und während ihrer

Beschäftigung als Pfarrvikare oder sonst im Kirchendienst ihre wissenschaftliche Fortbildung nicht vernachlässigt und die erforderliche praktische Befähigung sich erworben hätten. Denjenigen, welche bei der Prüfung zum Empfange der Priesterweihe nur die Nummer III und damit die Cura bloß für ein Jahr erhalten hatten und seither zwölf Jahre in der Seelsorge tätig gewesen waren, wurde die Ablegung der Pfarrbefähigungsprüfung zur Pflicht gemacht; ohne sie sollten sie nicht als zum Pfarramte qualifiziert gelten. Für die übrigen war die Prüfung fakultativ und sollte namentlich zur Verbesserung der Prüfungsnote dienen, die übrigens bei der Vergebung einer Pfarrstelle nicht allein, sondern nur neben anderen Beurteilungsgründen in Betracht zu kommen hatte. Bloß denjenigen, die schon in der ersten Prüfung die erste Nummer und damit Cura für drei Jahre bekommen und zwölf Jahre in der Seelsorge gearbeitet hatten, wurde die neue Prüfung erlassen; sie sollten mit der Note ihrer Priesterprüfung ohne weiteres bewerbungsfähig sein. Die Prüfung war schriftlich und mündlich, erstreckte sich auf alle Hauptfächer der Theologie, war mit der Ausarbeitung einer Predigt und Katechese verbunden und gab, wenn mit einer der drei ersten Noten bestanden, für immer die Befähigung zum Pfarramte sowie Curaverlängerung für zwölf, zehn, sieben Jahre. Abgenommen wurde die Prüfung durch die sogenannten Prosynodalexaminatoren, deren der Erzbischof auf Grund apostolischer Vollmacht jeweilen zwölf auf je drei Jahre ernennt, und zwar aus den Mitgliedern des Domkapitels und der erzbischöflichen Behörden sowie aus den Leitern und Lehrern des Priesterseminars und mitunter auch aus den Pfarrern.

Strenge wird, nachdem die mit den politischen Unruhen verbundene Lockerung auch der kirchlichen Disziplin wieder strafferer Unterordnung gewichen ist, auf Zucht und Ordnung im Klerus gesehen. Jagd- und Wirtshausverbot wurden 1853 und 1854 (vgl. Trierer Fastenhirtenbrief vom 6. Januar 1828 §§ 3 und 4) dem Klerus neu eingeschärft. Zahlreiche Versetzungen, welche die Abrufbarkeit des weitaus größten Teils der linksrheinischen Pfarrer dem Erzbischofe möglich machte, bezweckten die Hebung der Seelsorge und der Seelsorger. Für letztere waren auch die geistlichen Exerzitien bestimmt, die seit 1845 alljährlich abgehalten wurden und vom Klerus in bestimmten Zeiträumen zur Selbsteinkehr, zur inneren Vervollkommnung und zur Übung in der Askese benutzt werden sollten. Und was diese geistlichen Übungen für die Geistlichen und bald auch für die Theologiestudierenden waren, das sollten für die Pfarrkinder die Volksmissionen werden, „außerordentliche Verkündigungen des Wortes Gottes während eines fortlaufenden Zeitraumes durch andere als die regelmäßig in dem betreffenden kirchlichen Bezirke tätigen Priester“ und mit dem Zwecke, „dadurch in besonders wirksamer Weise das Volk zur Bekehrung und Buße sowie zur Versöhnung mit Gott zu bewegen und zum Eifer in der Erfüllung seiner christlichen und kirchlichen Pflichten anzuspornen“. Es war der eben zum Kardinal erhobene Erzbischof von Geissel, der diese Einrichtung im Rheinlande einführte, immer und immer wieder empfahl und bald vollkommen zur Einbürgerung brachte. Abgehalten wurden die Missionen wie zum Teil auch die Exerzitien durch Jesuiten, Lazaristen, Redemptoristen, also durch Angehörige derjenigen geistlichen Gesellschaften, aus deren Sinne und Geist heraus diese religiösen Erziehungsmittel hervorgegangen und die vornehmlich oder gar ausschließlich für diese Aufgabe gegründet waren.

Seit der Lockerung und dem Falle des Staatskirchentums nahmen nämlich nicht bloß diejenigen Orden und geistlichen Genossenschaften, welche die Klosteraufhebung überdauert hatten, wie z. B. die Franziskaner, wieder Novizen auf und breiteten sich wieder aus, sondern es hielten auch zahlreiche andere, alte und neue, Einzug in den Rheinlanden. Allen voran die Jesuiten. Nachdem diese kurz vor der Kardinalfeier im Jahre 1850 zu Köln im Dom und in der Severinskirche in voller Öffentlichkeit ihre erste Mission abgehalten hatten, ließen sie in Bonn, Aachen, Düsseldorf eine Reihe anderer folgen und entfalteten auf jede Weise eine rege Tätigkeit, die durch Gründung von Niederlassungen in Aachen 1852, in Köln 1853 und in Bonn 1854 gekrönt wurde, während die Gründung der im Trierischen gelegenen Niederlassung von Maria-Laach erst zehn Jahre später erfolgte, aber durch die von dort herausgegebenen Stimmen aus Maria-Laach weithin bekannt wurde und lange über ihren Bestand hinaus bis zum Jahre 1914 in Erinnerung blieb. Schon 1851 waren auch die Lazaristen nach Köln gekommen, und 1859 ließen sich in Aachen die Redemptoristen nieder. Von den alten Orden siedelten sich um dieselbe Zeit reformierte Zisterzienser (Trappisten) in Mariawald bei Heimbach, Franziskaner und Dominikaner in Düsseldorf an. Ebenso entstanden im Trierer Sprengel Niederlassungen der Redemptoristen (1848) und, als diese 1851 in Trier sich ansiedelten, der Jesuiten in Koblenz, der Franziskaner auf dem Apollinarisberge bei Remagen (1857), der Kapuziner in Ehrenbreitstein (1861). Besonders reich entfalteten sich die weiblichen Orden und Kongregationen. Barmherzige Schwestern, Borromäerinnen, Cellitinnen, Ursulinen, Schwestern vom armen Kinde Jesu und andere begannen oder vermehrten ihre Tätigkeit in der Armen- und Krankenpflege, in Waisenhaus und Schule, Bruderschaften und Vereine wie der Borromäus-, der Bonifatius-, der Piusverein und die Vinzenz- und Gesellenvereine entstanden und gelangten bald zu großer Blüte.

Für die Heranbildung des Klerus wurden gleichfalls die größten Anstrengungen gemacht. In Neuß und in Münstereifel wurden 1852 und 1856 Knabenseminare eröffnet, in denen die für den geistlichen Stand bestimmten Knaben während ihrer Gymnasialzeit auf ihr künftiges Theologiestudium und ihren späteren geistlichen Beruf vorbereitet werden sollten. Dazu kam in Opladen ein bei der dortigen Rektoratsschule gegründetes Pensionat, aus dem nachmals (1867) das Collegium Aloysianum als drittes neben dem Marianum und Josephinum erwuchs. Das Konvikt in Bonn wurde mehr und mehr in Abhängigkeit von der geistlichen Behörde gebracht und das Priesterseminar in Köln von dem von Geissel berufenen Regens Westhoff ganz in dessen Sinn und Geist geleitet.

Dagegen machte der Kardinal einen weiteren Vorstoß zur Verschärfung des Mischehenrechtes nicht mit, den sein Amtsbruder von Trier 1853 auf Grund einer römischen Kongregationsentscheidung von 1852 unternehmen zu müssen glaubte, derselbe, der bereits 1844 ganz Deutschland, die Katholiken nicht nur, sondern auch die Protestanten durch die Ausstellung des hl. Rockes in Aufregung versetzt und den Anstoß gegeben hatte zu der allerdings bald im Sande verlaufenden Bewegung des Deutschkatholizismus. Für beide Kirchen sind die Mischehen ein Punkt, an dem sie sich als besonders verwundbar erweisen, ergibt sich doch daraus fast stets für die eine oder andere oder für beide ein innerer und nicht selten ein äußerer Verlust. Namentlich trifft dies zu für die katholische Kirche mit ihrer Autoritätsreligion und ihrer strengen Disziplin; von ihr bröckeln nur zu leicht die in Mischehen und damit gewissermaßen an der kirchlichen Peripherie lebenden Elemente ab, freilich oft genug, ohne für die evangelische Kirche mehr als einen Zahlengewinn zu bedeuten. Im Rheinlande hatte die katholische Kirche schon lange, bevor die allgemeine Freizügigkeit die Angehörigen der verschiedenen Bekenntnisse durcheinanderzuwürfeln begann, von der Überhandnahme der Mischehen Schlimmes zu befürchten. Denn seit der Einverleibung in Preußen erhielt die alteingesessene, aus ihrer bisherigen Isolierung und damit mehr oder weniger gegebenen Ohnmacht herausgehobene protestantische Minderheit starken Zuzug durch eine Menge von Militärs und Beamten sowie von anderen Elementen, die wegen ihrer sozialen Stellung und ihrer Bildung, mitunter auch wegen ihrer Wohlhabenheit und wegen ihres Unternehmungsgeistes sowie darum, weil hinter ihnen der in protestantischen Traditionen erwachsene preußische Staat und Regierungsapparat stand, schon ohne weiteres für ihr evangelisches Bekenntnis Propaganda machten und in die katholischen Kreise, in die sie hineinheirateten, den Einfluß des Protestantismus hineinzutragen drohten. Kein Wunder, daß man katholischerseits die konfessionelle Abschließung, zu der auch sonst die Entwicklung hinneigte, nach Möglichkeit betrieb. Am liebsten würde man damals wie heute Mischehen ganz verhindert haben, hätte man nicht befürchten müssen, vor der Übermacht des Lebens, für das gerade bei der Eheschließung andere als kirchliche Gesichtspunkte ausschlaggebend zu sein pflegen, zu erliegen, und hätte man nicht damals wie heute doch mit den Mischehen immer wieder die stille Hoffnung auf den schließlichen Gewinn des andersgläubigen Gatten verbunden. Die Regel war und ist freilich für den Katholizismus der Verlust. Diesen sucht er da, wo er dazu instand gesetzt wird, durch die Anwendung von Rechtsvorschriften wettzumachen, die den katholischen Eheteil vor der Protestantisierung zu sichern, die Kinder ausnahmslos der katholischen Kirche zuzuführen und die durch ihre herbe Strenge zugleich abzuschrecken und zu gewinnen, auch eine gewisse Achtung vor der Unbeugsamkeit des Systems zu erwecken bestimmt sind. Es war Pius VIII., der das ältere strenge Recht, wie es sich nach der Glaubensspaltung und in den Zeiten der Gegenreformation herausgebildet hatte, durch ein Breve vom 15. März 1830 für die Kölner Kirchenprovinz wieder hervorzog, nachdem es in der Aufklärungszeit, in der es die katholische Kirche übrigens wegen der konfessionellen Geschlossenheit der ihr verbliebenen Territorien trotz allem bei weitem nicht so sehr wie seither benötigte, fast in Vergessenheit geraten war. Allerdings hatte sich der Episkopat, dem diese Verschärfung kaum weniger neu und befremdlich war als den meisten Zeitgenossen, unter der Führung Spiegels, dem, wie gesagt, an der Wiederherstellung der geistlichen Gerichtsbarkeit weit mehr lag, und der durch Nachgiebigkeit die kirchliche Eheschließung zu fördern sowie die Erschwerung der Ehescheidung zu erreichen hoffte, unterm 19. Juni 1834 zu einer geheimen Konvention mit der preußischen Regierung bereit finden lassen. Sie goß deutsches Wasser in den römischen Wein und suchte die praktische Handhabung des Breves mit der Kabinettsordre vom 17. August 1825 bezw. mit der Königlichen Deklaration vom 21. November 1803 gewaltsam in Übereinstimmung zu bringen. Diese aber ordnete, natürlich die staatlichen, nicht die kirchlichen Interessen wahrend, die Erziehung der Kinder in der Religion des Vaters an und verbot abweichende vertragliche Abmachungen. Ihr glaubte Spiegel in seiner Instruktion vom 22. Oktober 1834 trotz des Breves gerecht werden zu können, indem er von der Abnahme oder Abgabe des Versprechens katholischer Kindererziehung Abstand zu nehmen befahl, indem er weiter die aktive Assistenz, d. h. die tätige Mitwirkung des Geistlichen durch Trauung in der Kirche und die Vornahme der Feierlichkeiten, wie sie das kirchliche Recht nur bei rein katholischen Ehen zuläßt, stets gewähren hieß, falls nicht die akatholische Erziehung der Kinder von vornherein feststehen und auf sträfliche Leichtfertigkeit des katholischen Teils zurückzuführen sein würde, und endlich, indem er die Geistlichkeit anwies, alles zu tun und zuzulassen, was in dem Breve nicht ausdrücklich untersagt oder als zu beachten bestimmt angegeben sei, auch die einzelnen Bestimmungen mildernd zu erklären und anzuwenden. Sobald diese Abmachung bekannt wurde und Erzbischof Klemens August von Droste, der sie sich zuerst durchaus hatte gefallen lassen, aus Gewissensbedenken, wie er sagte, von ihr zurücktrat, steigerte sich die in katholisch kirchlichen Kreisen herrschende Erregung in Sachen der Mischehen zum Sturme, der durch das wenig geschickte und nicht gerade würdige Vorgehen der Regierung noch genährt wurde. Daß auf der anderen Seite diese sich das kirchliche Vorgehen nicht wollte gefallen lassen, erklärt sich nicht bloß daraus, daß der Protestantismus darin einen gegen ihn gerichteten Affront erblickte, und daß das preußische Staatswesen, das erst nach und nach der Neutralität in konfessionellen Dingen entgegenreifte, sich mit jenem und seiner Auffassung noch in weitgehendem Maße identifizierte. Vielmehr rechtfertigte es sich vor allem dadurch, daß, was der Staat vertrat, dem bisherigen Rechtszustande entsprach, weiter dadurch, daß der bis dahin unter den Bekenntnissen, wenn auch zu Ungunsten des rheinischen Katholizismus, herrschende Friede, dessen Wahrung recht eigentlich dem Staate oblag, von Rom gestört worden war, und endlich, was gewöhnlich übersehen wird, dadurch, daß damals und noch auf lange hinaus auch die bürgerliche Ehe nur kirchlich eingegangen werden konnte, so daß anders als heutzutage, unter der Herrschaft der obligatorischen Zivilehe, der Staat an der kirchlichen Eheschließung und ihren Modalitäten im höchsten Grade interessiert war und die Kirche allen Anlaß hatte, ihm entgegenzukommen und die privilegierte Stellung, die sie als Torwärterin auch der bürgerlichen Ehe einnahm, durch Zugeständnisse zu verdienen. Jedoch die geschichtliche Entwicklung trieb in dieser Sache auf eine reinliche Scheidung hin. Der erste Schritt dazu war der Sieg der Kirche in dem Übereinkommen vom 24. September 1841, das dem Kölner Kirchenstreit ein Ende machte. Darin erklärte der Staat, die Behandlung der gemischten Ehen den Bischöfen überlassen und sich in diese Angelegenheit nicht weiter einmischen zu wollen. Zehn Jahre hatte seither leidlich Friede geherrscht und war das kirchliche Recht gemäß dem Breve von 1830 zur Anwendung gekommen. Nur daß durch Geissel die Aussegnung der in gemischter Ehe lebenden Wöchnerinnen abgestellt, die Abgabe des Versprechens der katholischen Kindererziehung in schriftlicher Form verlangt und die Einholung einer Dispensation für jeden einzelnen Fall gefordert worden war. Das erwähnte, anläßlich der Erneuerung der Quinquennalfakultäten im Jahre 1852 ergangene Dekret der Propaganda dagegen gestattete den Bischöfen nur noch unter besonderen Umständen, wenn Gefahr im Verzug war, an Papstes Statt zu dispensieren; für die Regel sollte die Dispensation in Rom nachgesucht werden. Es verlangte ferner, daß das Versprechen der katholischen Kindererziehung und der Nichtbehinderung des katholischen Gatten sowie der Kinder in ihrem Glauben eidlich abgegeben werde. Vor allem aber sollte in jedem Falle, also auch wenn der nichtkatholische Teil allen Anforderungen des katholischen Rechtes Genüge leistete, die Eheschließung ohne vorheriges Aufgebot und ohne Einsegnung vor sich gehen, und zwar nicht in der Kirche, sondern außerhalb derselben, d. h. in der Sakristei. Das war selbst Geissel zu viel, der fand, die bisherige Praxis habe in der Erzdiözese eher gute als schlechte Erfolge erzielt, und klar voraussah, daß diese Änderung auf protestantischer Seite und bei der Regierung als erneute Herausforderung werde angesehen werden. In der Tat brach hüben und drüben, bei Katholiken wie unter den Evangelischen, ein Sturm des Unwillens los. Friedrich Wilhelm IV. aber bestimmte in einer an den Kriegsminister gerichteten Kabinettsordre vom 1. Juni 1853 bezüglich der gemischten Ehen der Offiziere, für die nach wie vor der König als oberster Kriegsherr das Bestimmungsrecht sich zuschrieb, mit einer ihm sonst in derartigen Fragen nicht eigenen Tatkraft und Schärfe, es dürfe bei Strafe der sofortigen Entlassung aus dem Heeresdienste im Falle des Zuwiderhandelns kein evangelischer Offizier auf einen solchen Schritt sich einlassen, der den Mann wie das evangelische Bekenntnis entehre und als Lohn für die Erfüllung der kirchlichen Forderungen doch nur die Eheschließung am ungeweihten Orte und ohne Einsegnung gewähre. Das und die Vorstellungen Geissels wirkten. Man lenkte in Rom ein und stellte es in das Ermessen der Bischöfe, ob sie das strengere Recht anwenden oder zur Vermeidung größeren Unheils bei der bisherigen Praxis verbleiben wollten. In Köln geschah letzteres. Erst die Einführung der obligatorischen Zivilehe hat der Kirche auf diesem Gebiet für ihren Bereich völlig freie Hand gegeben und es ihr ermöglicht, ihr Mischehenrecht noch konsequenter, wenn auch nicht in der Schroffheit, wie es 1853 geplant war, durchzuführen. Doch ist diesem Vorgehen in neuester Zeit dadurch die schärfste Spitze benommen worden, daß Pius X. in der Konstitution: Provida vom 18. Januar 1906 auf das ganze Deutsche Reich ausdehnte, was Pius VIII. bereits 1830 für die niederrheinische Kirchenprovinz bestimmt hatte, nämlich daß daselbst verbotswidrig und ohne die kirchenrechtlich vorgeschriebenen Kautelen eingegangene Mischehen, falls ihnen kein anderes trennendes Hindernis entgegenstehe, kirchlich als gültig angesehen werden sollten. Damit ist zum Ausdruck gebracht, daß das strenge kirchliche Mischehenrecht in der Gegenwart weniger aus Gegnerschaft gegen den Protestantismus und in Mißachtung desselben aufrechterhalten wird als vielmehr im Interesse der Selbstbehauptung der katholischen Kirche und der möglichsten Wahrung ihres bedrohten Besitzstandes.

Sein Organisationswerk krönte Erzbischof von Geissel 1860 durch Abhaltung einer Provinzialsynode. Der Gedanke, eine solche zu veranstalten, war von ihm zuerst auf der Würzburger Bischofsversammlung bei Bekämpfung der damals von vielen Seiten geforderten Veranstaltung von Diözesansynoden wenn auch nicht gefaßt, so doch öffentlich ausgesprochen worden. Seither hatten er und Baudri, der seine rechte Hand war, den Plan nicht mehr aus den Augen verloren. Die Berufung in den obersten Rat der Kirche hob Geissels Stellung nicht nur im allgemeinen, sondern auch unter den Bischöfen seiner Kirchenprovinz und bestärkte ihn in der Absicht, den Provinzialverband durch Veranstaltung einer Synode zu festigen; übrigens erhielt auch das Metropolitankapitel etwelchen Anteil an dem erhöhten äußeren Glanze des Erzstuhles und seines Inhabers, indem seinen beiden Dignitären im Jahre 1851 vom Papste die Mitra und seinen Mitgliedern gleichzeitig, an Stelle des durch das Restitutionsdiplom gemäß der Zirkumskriptionsbulle verliehenen schwarzseidenen Talars mit Mozetta, das Recht der violetten Chorkleidung (seit der Kardinalserhebung Erzbischofs von Hartmann im Mai 1914 mit dem sonst den Inhabern bischöflicher Weihe vorbehaltenen violetten Birett) zugestanden wurde, ein Privileg, das dann auch die übrigen Domkapitel erhielten, und das kürzlich, am 1. Februar 1914 anläßlich der elfhundertjährigen Wiederkehr des Todestages Karls des Großen, von Pius X. auf das Aachener Stiftskapitel ausgedehnt worden ist, nachdem dieses auf Vorstellung Erzbischof Ferdinand Augusts durch päpstliche Entscheidung vom 9. Dezember 1825 gegenüber den weiter gehenden Zugeständnissen der Bulle: De salute animarum auf die einfachere Amtstracht des Metropolitankapitels beschränkt worden war. Einen neuen Impuls zur Abhaltung einer Provinzialsynode gab schließlich der Aufenthalt des Kardinals in Rom 1857, wohin er sich begeben hatte, um der Pflicht der visitatio liminum zu genügen und den roten Hut zu empfangen. Aber erst am 6. Juni 1859 konnte von Geissel dem Papste den Entwurf der Geschäftsordnung unterbreiten und um die an sich nicht nötige und wohl nur mit Rücksicht auf die Neuheit des Unternehmens nach Jahrhunderte langer Unterbrechung aus freien Stücken erbetene Erlaubnis zur Einberufung einkommen. Diese selbst erging im Februar 1860; in dem Kirchlichen Anzeiger für die Erzdiözese, den er 1852 zur Veröffentlichung sämtlicher kirchlichen Erlasse, Verordnungen und Bekanntmachungen, die vordem durch lithographierte Rundschreiben waren mitgeteilt worden, begründet hatte, und dem in Trier ein seit 1853 erscheinender kirchlicher Amtsanzeiger zur Seite getreten war, erschien am 15. April das unterm 20. März ergangene und am 31. März 1860 an den Pforten des Doms angeschlagene Einberufungsedikt. Das Konzil wurde am 29. April, dem Erinnerungstage der Kanonisation des hl. Anno von Köln, eröffnet. Lange Vorbereitungen waren vorangegangen. Bereits im August 1858 hatten die Komprovinzialbischöfe in gemeinsamer Beratung mit der künftigen Synode sich beschäftigt. Bischof Arnoldi von Trier hatte die Materien der Verwaltung und Gerichtsbarkeit, Bischof Müller von Münster die Fragen der Liturgie und der Kunst, Bischof Martin von Paderborn die Geschäftsordnungsfragen zur Vorbereitung übernommen, während Geissel selbst sich vorbehielt, was die kirchliche Lehre, die Bischöfe und die Domkapitel betraf. Bei der Vorbereitung bediente er sich namentlich der Hilfe zweier Jesuiten, in erster Linie des P. Wilmers, aber auch des P. Roh. Am Tage vor der Eröffnung fand im erzbischöflichen Palais in Köln eine letzte Vorberatung statt, bei der man sich auf die Konstituierung von sechs Partikularkongregationen einigte. An der Spitze einer jeden stand ein stimmberechtigter Diözesanbischof. Zu den Metropoliten und seinen drei Suffraganen waren nämlich noch die Bischöfe von Hildesheim und Osnabrück gekommen, die, exemt und unmittelbar dem Papste unterstellt, von dem Rechte der Exemten, sich mit ihren Diözesen einer benachbarten Provinzialsynode anzuschließen, zu Gunsten Kölns Gebrauch gemacht hatten. Auch der gleichfalls exemte Fürstbischof Förster von Breslau hatte, jedoch nur als Gast und unter Vorbehalt der Rechte seines Bistums, sich gemeldet und trug durch seine Anwesenheit zur Erhöhung des Glanzes und der Bedeutung der Veranstaltung bei. Im ganzen fanden fünf Generalkongregationen oder einfache Plenarversammlungen und, jeweilen nach Entscheidung über die Beschlüsse durch die Diözesanbischöfe als patres und judices des Konzils, vier feierliche Sitzungen zur Verkündung der Dekrete in der Domkirche statt, die letzte am Himmelfahrtstage, dem 17. Mai. Außer den genannten sechs Diözesanbischöfen, denen entscheidende Stimme zukam, und die die Beschlüsse unterzeichneten, sowie dem Ehrensynodalen Fürstbischof Förster von Breslau nahmen mit beratender Stimme an der Kirchenversammlung teil die vier Weihbischöfe, sämtliche damals vorhandenen Mitglieder des Metropolitankapitels, acht an der Zahl, Vertreter der Kapitel Trier, Münster, Paderborn und Osnabrück, ein Vertreter des Stiftspropstes von Aachen, Vertretungen der theologischen Fakultäten von Bonn, Münster und Paderborn, die Rektoren der vier Priesterseminare, die Obern von sieben in der Provinz niedergelassenen Orden und Kongregationen, an der Spitze der damalige Provinzial und spätere General der Jesuiten, P. Anderledy. Die vorschriftsmäßig in Rom vorgelegten Konzilsakten wurden vom Concilietto geprüft. Unterm 19. Dezember 1861 teilte der Präfekt der Konzilskongregation, Kardinal Caterini, dem Kardinal von Köln die geringfügigen Änderungen mit, mit denen sie angenommen worden waren. Und am 7. April 1862 bestätigte Pius IX. selbst glückwünschend die Beschlüsse. Der Erlaß Geissels, durch den er die Dekrete des Konzils gedruckt promulgierte, datiert vom 23. Juli desselben Jahres. Die Akten zerfallen in zwei Teile. Ein erster de doctrina catholica geht uns an dieser Stelle nicht weiter an; aus ihm sei bloß das Eintreten für die päpstliche Unfehlbarkeit und für die Erhaltung des Kirchenstaates hervorgehoben sowie die Ablehnung des sogenannten Güntherianismus. Ein zweiter Teil handelt de disciplina ecclesiastica und hat drei Titel: De personis ecclesiasticis (Bischöfe, Weihbischöfe, Metropolit, Provinzialsynode, Kathedralkapitel, Pfarrer und Rektoren, Dekane, Ordensleute, Diözesansynode), de ministeriis ecclesiasticis (Sakramentsverwaltung im ganzen und einzelnen, mit Einschluß der Mischehe, Sakramentalien, Kult, Kirchengesang, Predigt, Fasten, Schulen, Knabenseminare, Theologenschulen, Priesterseminare, Volksmissionen, Bruderschaften und Vereine, Kirchen und Kirchengerät, Armenpflege, Kirchengut), endlich de vita et honestate clericorum (geistliches Leben, Studium, Wahrung des decorum clericale). Durch besondere Ursprünglichkeit zeichnen sich auch diese die Disziplin betreffenden Beschlüsse nicht aus, vielmehr schließen sie sich enge an das gemeine Recht und die kuriale Lehre davon an. Ihre hauptsächlichste Bedeutung liegt gerade darin, daß diese Grundsätze, soweit sie nicht schon in die Praxis umgesetzt waren, wieder in Erinnerung und zur Geltung gebracht wurden. Alles kam freilich auf die Durchführung der Beschlüsse in den einzelnen Diözesen an. Mit ihr machte namentlich Geissel für seine Erzdiözese alsbald Ernst.

Auch da, wo es nicht unmittelbar auf der Hand lag, wie bei der Organisation des zweitinstanzlichen geistlichen Gerichtes. Das Provinzialkonzil selbst gedachte nur der Berufungen aus den Suffraganbistümern, deren Entscheidung es dem Metropoliten zuweist. Anläßlich der Provinzialsynode scheint jedoch Kardinal Geissel, falls er nicht schon vorher in Rom oder durch den Artikel Metropolitikum des Kirchenrechtslehrers Permaneder in der ersten Auflage des Freiburger Kirchenlexikons darauf aufmerksam gemacht worden war, zu der Erkenntnis gekommen zu sein, daß das 1848 von ihm ins Leben gerufene Metropolitikum II für Appellationen aus der Erzdiözese selbst dem Kirchenrechte widerspreche. Möglich auch, daß eine Instruktion des Kardinalstaatssekretärs Antonelli an den Erzbischof von Freiburg vom 30. September 1859 Bedenken wachrief, weil darin ausdrücklich gesagt war: Causae ab archiepiscopali tuo tribunali in prima instantia cognitae et judicatae minime poterunt nosci et judicari a tribunali, quod fuit a te constitutum. Jedenfalls besagt ein Aktenvermerk vom 4. Juli 1860: „Gemäß hoher mündlicher Weisung Sr. Eminenz, des Hochwürdigsten Herrn Kardinals und Erzbischofs soll die fernere Aufführung der II. Abteilung des erzbischöflichen Metropolitikums in dem Handbuch der Erzdiözese unterbleiben." Das geschah, und so verschwand diese Behörde lautlos in der Versenkung, um lediglich in der Literatur noch Jahrzehnte lang als Sehenswürdigkeit fortzuleben. Die Verordnung von 1848 wurde aber auch nicht neu publiziert, sondern scheint nur später von Domkapitular Kirch für die amtliche Ausgabe in Dumonts Sammlung kirchlicher Erlasse unter Weglassung alles dessen, was auf das Metropolitikum II Bezug hatte, privatim umredigiert worden zu sein. So nahm Geissel nach dem Provinzialkonzil auch an den Erzeugnissen seines eigenen Geistes rücksichtslos Besserungen vor. Die Berufungen aus der Erzdiözese gingen zunächst nach Rom, dann wurde, wie hier vorgreifend bemerkt sein mag, am 13. November 1888 der Bischof von Münster auf drei Jahre als zweite Instanz für Köln delegiert, nachdem eine Delegation des Bischofs von Limburg vom 16. Dezember 1875 infolge des Kulturkampfes nicht praktisch zu werden vermocht hatte. Diese Delegationen sind bis 1907 erneuert worden. Die durch die Konstitution: Sapienti consilio vom 29. Juni 1908 neu organisierte Kurie wollte dann allerdings die Berufungen für die wiedererstandene römische Rota an sich behalten. Doch gelang es Kardinal Fischer, unterm 23. April 1910 persönlich von Pius X. unter Hinweis auf die schweren Unzuträglichkeiten und Kosten, welche die Übersetzung der Akten ins Lateinische und die Verhandlung in Rom mit sich bringe, ein zeitlich nicht beschränktes Indult zu erwirken, wonach auch weiterhin Münster als zweite und, wie hinzugefügt werden mag, der Erzbischof von Freiburg als delegierte dritte Instanz für Köln tätig sein können.

Eine andere Einrichtung aus Geissels Zeit, die er auch nach der Provinzialsynode fortbestehen ließ, ist, was der Einfachheit wegen gleich in diesem Zusammenhange angemerkt werden soll, erst in allerletzter Zeit verschwunden. Ich meine das erzbischöfliche Ordinariat. Durch Erlaß vom 1. Februar 1850 hatte der Erzbischof unter Aufrechterhaltung der 1848 beliebten Organisation der Gerichtsbehörden die Verwaltungsbehörden umgestaltet und ausgebaut. Den besonderen Verwaltungsdienst sollte nach wie vor das Generalvikariat mit dem Generalvikar an der Spitze wahrnehmen. Namentlich kam ihm die Behandlung aller besonderen Angelegenheiten, die Personen oder Sachen betrafen, zu; es war und blieb die eigentliche kirchliche Regierungsbehörde. Sollten sich aber bei Erledigung der Verwaltungsgeschäfte Umstände bezüglich allgemeiner Diözesanverordnungen oder grundsätzliche Fragen ergeben, oder sollte das Generalvikariat sonst den Wunsch nach genereller Auskunft haben, so war das Ordinariat anzurufen. Dieses, eine Art allgemeiner geistlicher Rat, wie wir ihn in Trier schon früher gefunden haben, hatte demnach außer den ihm vom Erzbischof besonders zugewiesenen Fragen alle Diözesanangelegenheiten allgemeiner Natur, die nach allgemeinen kanonischen Satzungen und nach den besonderen bestehenden Kirchen- und Staatsgesetzen zu behandeln waren, namentlich den Erlaß „neuer allgemeiner Diözesanverordnungen, Vorschriften und Maßnahmen" vorzuberaten. Also eine etwas sehr akademische Aufgabe. Dies sowie der Umstand, daß das Ordinariat, nur wenn von Erzbischof oder Generalvikariat in Anspruch genommen, tätig werden, aber nichts selbst zur Ausführung bringen konnte, hat im Verein damit, daß es unter dem Vorsitze des Erzbischofs verhandelte und den Generalvikar zum Dirigenten hatte, also höchst unselbständig war, die ganze Einrichtung nie recht gedeihen lassen. Sie diente eigentlich nur dazu, den vom König ernannten Domkapitularen, die mit Vorliebe in diese Behörde berufen wurden, wenigstens einen gewissen, möglichst beschränkten Anteil an der Leitung der Erzdiözese zu geben, während die wirkliche Verwaltung vom Generalvikar und von den in das Generalvikariat berufenen bischöflichen Domherren und Vertrauensmännern besorgt wurde. Nachdem in den letzten Jahrzehnten die Gegensätze sich mehr und mehr ausgeglichen haben, ist das Ordinariat immer bedeutungsloser geworden und schließlich unter

Kardinal Fischer in Wegfall gekommen. Das Handbuch der Erzdiözese von 1911 führt es nicht mehr auf und verzeichnet als Mitglieder des Generalvikariats sämtliche Kapitulare mit Ausnahme des hochbetagten Dompropstes Karl Berlage und des canonicus senior et jubilatus Professor Alexander Schnütgen, die beide seither (November 1913) zu Generalvikariatsräten im Ehrenamt ernannt worden sind.

Zahlreiche Bestimmungen des Provinzialkonzils konnten ohne weiteres zur Ausführung kommen und sind deshalb einfach in das Diözesanrecht übernommen worden. Andere machten besondere Maßnahmen nötig.

So die Konzilsdekrete betreffend die Dekane und Definitoren. Zunächst sei bemerkt, daß Kardinal Geissel am 12. Mai 1854 die Dompfarrei in Köln von dem dortigen Dekanate eximiert und direkt unter den Ordinarius gestellt hatte, und weiter hinzugefügt, daß seither in der Dekanatseinteilung zahlreiche Änderungen vorgenommen worden sind, teils Neugründungen von Dekanaten wie Ratingen (1869), Werden, Barmen, Bensberg (1896), Viersen (1900), teils Teilungen wie die in die Dekanate Köln I und II (1901), Düsseldorf I und II (1903), Essen I und II (1907), Bonn I und II (1909), wovon die Dekanate Köln I und Aachen seit 1854 (?) Stadtdekanate mit Stadtdechanten, die anderen aber wie von jeher Landdekanate mit einfachen Dechanten oder Landdechanten sind, teils Umtaufen wie Cornelimünster statt Burtscheid (1900), Köln III statt Mülheim (1914, unter Zuweisung der nicht mit der Stadt Köln vereinigten Teile an Bensberg), teils Grenzveränderungen. So weist das Erzbistum jetzt 53 Dekanate auf. Im Trierer Sprengel wurden unterm 15. Februar 1869 an Stelle der ursprünglichen 26 von Bischof Eberhard 46 Dekanate geschaffen; auch dort ist die Dompfarrei mit ihren Annexen eximiert. Jedes Dekanat zerfällt nach dem betreffenden Dekret der Provinzialsynode in zwei Unterbezirke oder Definitionen, die Geissel für Köln am 7. Januar 1863 errichtete; nur das trierische Dekanat Birkenfeld ist nicht untergeteilt, und das kölnische Dekanat Bensberg hat seit 1914 drei Definitionen. Bemerkenswert ist die Veränderung, welche die Bestimmungen über die Bestellung der Dekane erfahren haben. Den Pfarrern des Kapitels wird zwar die Befugnis, dabei mitzuwirken, gelassen, indem jeder für sich mittels Stimmzettel einen Dreiervorschlag machen darf; für den Fall jedoch, daß keiner der Vorgeschlagenen geeignet erscheint, oder daß dem Bischof das Gewissen aus einem anderen Grunde die Ernennung verbietet, soll ihm die Delegation eines anderen, ihm würdig und geeignet erscheinenden Kapitelsmitgliedes freistehen. Das für Köln neu geschaffene, für Trier umgestaltete Definitorenamt wird gewissermaßen zwischen Bischof und Kapitelsgeistlichkeit aufgeteilt; den einen der beiden Definitoren ernennt immer der Bischof, für den anderen macht jeder Pfarrer des Kapitels schriftlich einen Dreiervorschlag. Im Unterschiede zu früher ist das Amt des Dechanten lebenslänglich, es sei denn, der Betreffende ziehe aus dem Kapitel weg, resigniere oder vernachlässige seine Pflichten so, daß der Bischof im Interesse der Kirche und des Dienstes zum Widerruf der Delegation sich veranlaßt sieht. Der zum Dechanten Ernannte hat in die Hände des Erzbischofs die professio fidei und einen Amtseid abzulegen; den Definitoren nimmt Glaubensbekenntnis und Amtseid der Dechant ab. Für Dechanten und Definitoren ergingen unterm 29. bezw. 10. April 1863 ausführliche Dienstinstruktionen, die nachmals unter den Erzbischöfen Melchers und Krementz einige Zusätze erfahren haben. Die Dienstobliegenheiten der Dechanten sind im großen und ganzen dieselben geblieben wie früher; nur haben sich mit dem Wachstum und der Verselbſtändigung des Kirchenweſens die Geſchäfte gemehrt. Gerade deshalb haben ſie in den Definitoren Gehilfen erhalten. Dieſe ſind gewiſſermaßen Unterdechanten. Sie haben namentlich die Obſorge für die Kirchenfabriken ihrer Definition; die Fabriken, d. h. die Kirchenbaufonds und das Stiftungsvermögen ſteht unter ihrer Aufſicht. Sie prüfen die Kirchenetats, wachen über die Inſtandhaltung der Kirchengebäude. Sie viſitieren einmal im Jahr, während die Dekanalviſitation, wenigſtens im Trierer Sprengel (Erlaß vom 18. Februar 1874), nur alle zwei Jahre ſtattfindet. Der vor der Kapitelsverſammlung ſtattfindenden Definitionsverſammlung ſitzt dagegen der Dechant ſelbſt vor. Iſt dieſer am Dekanatskapitel teilzunehmen verhindert, ſo präſidiert der dienſtälteſte Definitor; führt der Dekan den Vorſitz, ſo ſtehen ihm die Definitoren zur Seite. Dechanten und Definitoren haben vom Biſchof gewiſſe, auf Zeit gewährte Fakultäten, z. B. zur Benediktion von Paramenten und zur Erteilung der in Anbetracht des bis heute anhaltenden Prieſtermangels für Köln unentbehrlichen Binationserlaubnis, die ausnahmsweiſe wiederholt an demſelben Tage zu zelebrieren geſtattet.

Der Ausbau der Dekanatsverfaſſung und die Einrichtung der Definitionen bildet den Abſchluß der Organiſationsarbeit des Kardinals von Geiſſel. Zwar blieb noch manches zu tun übrig, und in dieſer Richtung bewegte ſich denn auch zunächſt die Tätigkeit des Erzbiſchofs Melchers, der in den erſten Jahren ſeiner Amtsführung das Werk ſeines Vorgängers fortſetzte und den durch das Provinzialkonzil geſchaffenen Rechtszuſtand durch weitere Ausführungserlaſſe ergänzte. Hierher gehört namentlich die unterm 14. Dezember 1866 verfügte, in Trier bereits von den Biſchöfen Hommer (10. April 1832), Arnoldi (20. Februar 1851, 21. Februar und 16. März 1852) und Eberhard (8. Januar 1868) geregelte, von Biſchof Korum (1. Dezember 1881 und 14. April 1903) neu belebte Einrichtung der Paſtoralkonferenzen. Außer den jährlichen Dekanats- und Definitionskonferenzen, woran in der Regel nur die Pfarrer und Pfarrverwalter ſich beteiligen, ſollen regelmäßige Konferenzen aller Kuratprieſter ſtattfinden, und zwar in kleineren Bezirken, deren auf dem Lande in jedem Dekanate mehrere gebildet werden. Auf ihnen werden u. a. Vorträge über Gegenſtände der wiſſenſchaftlichen und der praktiſchen Theologie, des Kirchenrechts, der chriſtlichen Kunſt und der Pädagogik gehalten und diskutiert, um alljährlich mit dem Konferenzprotokoll als Konferenzaufſätze dem Generalvikariat durch den gewählten Konferenzpräſes zur Kontrolle der wiſſenſchaftlichen Strebſamkeit und Leiſtungsfähigkeit des Klerus, namentlich auch des jüngeren, eingeſandt zu werden. Von Erzbiſchof Melchers rührt weiter eine neue, mit geringfügigen Änderungen (Verordnung vom 24. Dezember 1894) namentlich hinſichtlich der Termine noch heute immer wieder zur Anwendung gebrachte Verordnung über die Pfarrbefähigungsprüfung vom 22. Juli 1867 her, welche die ältere Geiſſels durch ausführlichere und vollkommenere Beſtimmungen erſetzte, und die erlaſſen wurde, nachdem der Erzbiſchof in Rom Dezennalfakultäten erwirkt hatte, die ihm ausdrücklich geſtatteten, an Stelle des von dem Tridentinum eigentlich vorgeſchriebenen Spezialkonkurſes für jede einzelne erledigte Pfarrei den Generalkonkurs zu ſetzen, wie er in Deutſchland allein üblich und von Geiſſel ohne weiteres adoptiert worden war. Eingehend wurde ferner am 7. Juni 1866 die im Zuſammenhange mit der Firmungsreiſe vom Ordinarius oder ſeinem Weihbiſchof jeweilen vorzunehmende biſchöfliche Viſitation geregelt, anläßlich deren übrigens die auf Zeit approbierten Prieſter die Approbation auf Meldung hin auf ein Jahr (annus gratiae in dieſem Sinne) verlängert zu erhalten pflegen (Verordnung vom

1. Februar 1896). Auch über die Volksmiſſionen, die durch das Provinzialkonzil wie ſchon zuvor durch Geiſſel warm empfohlen worden waren und immer häufiger wurden, ergingen am 28. Auguſt 1866 eingehende Beſtimmungen; ſie bezweckten, den Pfarrern die Veranſtaltung von Miſſionen durch Ordensleute zu erleichtern, die Miſſionen ſelbſt zu vervollkommnen und zugleich die biſchöfliche Jurisdiktion und Kontrolle darüber zu wahren. Endlich erwirkte der Erzbiſchof Melchers 1867 die Revalidation aller linksrheiniſchen Bruderſchaften, die vor dem franzöſiſchen Konkordate von 1801 und der Erſetzung der alten Erzdiözeſe durch das Bistum Aachen vorhanden geweſen waren und, mit dem Erlaſſe des Konkordates von Rechts wegen dahingefallen, tatſächlich fortbeſtanden hatten, ohne doch in aller Form neu errichtet worden zu ſein; erſt durch dieſe Revalidation wurden die Bruderſchaften wieder der Abläſſe teilhaftig, die den Erzbruderſchaften, an die ſie aggregiert waren, verliehen worden waren.

Zu dieſen und ähnlichen Maßnahmen würden, wiewohl durch die Arbeit Geiſſels das Weſentliche getan war und die kirchliche Organiſation des rheiniſchen Katholizismus in der Hauptſache die Geſtalt erhalten hatte, die ihr noch heute eigen iſt, gewiß noch manche andere Beſtimmungen hinzugetreten ſein, hätte nicht die Weiterentwicklung eine über mehr als ein Jahrzehnt ſich erſtreckende Unterbrechung erfahren durch die Ereigniſſe, die ſich an die Erklärung der päpſtlichen Unfehlbarkeit im Jahre 1870 knüpften ſowie an den im Zuſammenhange damit entbrennenden ſogenannten Kulturkampf. Es kann nicht unſere Aufgabe ſein, dieſe Bewegungen und Kämpfe, die auf gemeinkirchliche und gemeinpreußiſche Erlaſſe und Maßnahmen zurückgehen, zu ſchildern oder auch nur des näheren auszuführen, warum und wie das Rheinland und die katholiſche Kirche in ihm davon in Mitleidenſchaft gezogen wurde; dieſe Dinge gehören noch weniger zu unſerer Aufgabe als die im obigen ja auch unterlaſſene Darſtellung des Kölner Kirchenſtreites. Nur daran mag erinnert werden, daß ſowohl Erzbiſchof Melchers als der Trierer Biſchof Eberhard auf dem vatikaniſchen Konzil gegen die Opportunität der Definition des Unfehlbarkeitsdogmas ſich ausſprachen und mit den meiſten anderen deutſchen Biſchöfen vor der entſcheidenden Abſtimmung Rom verließen, um nicht im Angeſichte des Papſtes mit: non placet ſtimmen zu müſſen, daß aber beide, nachdem das Konzil anders entſchieden hatte, ſich alsbald unterwarfen und Melchers unterm 24. Juli 1870, Eberhard am 8. Auguſt desſelben Jahres die Konſtitution: Pastor aeternus publizierten. Die Folgen waren heftige Zuſammenſtöße mit den Gegnern der Unfehlbarkeit, deren es, trotz der vorbereitenden Tätigkeit des verſtorbenen Kardinals Geiſſel und ſeiner Jeſuiten, oder vielleicht wegen ihr, gerade in den Rheinlanden beſonders viele und erbitterte gab. Gegen ihre Häupter, insbeſondere gegen die Bonner Univerſitätstheologen Hilgers, Langen, Reuſch, ſchritt der Erzbiſchof im September 1870 ganz nach der Art ſeines Vorgängers zunächſt mit Suspenſion und Entziehung der missio canonica ein. Als dies aber nichts fruchtete, erklärte er ſchließlich ſie wie andere Gegner der Unfehlbarkeit für dem großen Kirchenbanne verfallen. Dieſe und andere Vorgänge wiederum veranlaßten das Einſchreiten des Staates, deſſen Leiter ſich nicht länger der Erkenntnis verſchließen konnten, daß ſeit 1850 im ganzen wie im einzelnen von ſtaatlichen Rechten und ſtaatlichem Einfluß weit mehr preisgegeben worden war, als die Aufgabe des Staatskirchentums, der Übergang zu einem Syſtem bloßer ſtaatlicher Kirchenhoheit mit ſauberer Trennung der ſtaatlichen und der kirchlichen Sphäre und Einräumung der Selbſtverwaltung an die Kirche forderte, und als die ſtaatliche Selbstbehauptung und die staatliche Friedensbewahrung gestattete. Allerdings schoß dann die kirchenpolitische Aktion, die zum Zwecke der Wiedergewinnung der für den Staat unerläßlichen Hoheitsrechte und Kontrollbefugnisse sowie zur Wiederverstärkung der ins Wanken geratenen Autorität des Staates gegenüber der katholischen Kirche in Preußen von staatlicher Seite unternommen wurde, wie das bei Revindikationskriegen nur zu leicht geschieht, zunächst weit über das Ziel hinaus. Sie büßte, weil sich die Parteileidenschaft ihrer bemächtigte, für lange Zeit ihren ursprünglichen und schließlich wieder zu seinem Rechte kommenden Zweck einer besseren Regulierung der Grenzen zwischen Staat und Kirche ein und stiftete hüben und drüben unermeßlichen Schaden dank dem Eifer einer Gruppe von hervorragenden Staatsmännern und Juristen, die mit der Schärfe der Gesetzgebung und Gesetzesanwendung und in verhängnisvoller Unterschätzung der im Katholizismus vorhandenen religiösen Spannkraft auf die Kirche als Rechtseinrichtung losstürmten und ganz vergaßen, daß auch in der Gegenwart am Leibe der Kirche das Recht nur das Gerippe ist, welches das Ganze und sein Leben trägt, nicht aber dieses selbst. Wegen Nichtbeachtung der maigesetzlichen Vorschriften betreffend die Anzeigepflicht wurde Bischof Eberhard von Trier zu schweren Geldstrafen verurteilt und schließlich, am 6. März 1874, ins Gefängnis abgeführt, wo er bis zum Schlusse des Jahres gefangen gehalten wurde. Nach seiner Entlassung gingen die Verurteilungen weiter; er schuldete schließlich über 90 000 Mk. Noch amtete er einige Zeit; dann brach seine Kraft zusammen; am 30. Mai 1876 starb er. Das Bistum blieb fünf Jahre lang verwaist und wurde im geheimen durch einen apostolischen Delegaten verwaltet. In Köln wurde der Erzbischof Paulus Melchers am 31. März 1874 verhaftet und in das Gefängnis am Klingelpütz gebracht, wo er bis zum 9. Oktober in Gewahrsam blieb. Wieder freigelassen, erhielt er am 2. Dezember 1875 mit Rücksicht auf „die von ihm verhängten Exkommunikationen, die gesetzwidrige Anstellung von Geistlichen und die Nichtbesetzung vakanter Pfarreien, die Verhinderung der Visitation des Priesterseminars 1873 und 1875, die von ihm inszenierte Aufregung der Bevölkerung durch den Empfang der Massendeputationen in den Tagen vor seiner wegen Nichtzahlung der erkannten Geldstrafen notwendig gewordenen Verhaftung, endlich wegen des äußersten Maßes des Widerstandes, das er seiner Verhaftung entgegengesetzt" habe, durch den Oberpräsidenten von Bardeleben die Aufforderung zur Amtsniederlegung zugestellt. Als er erklärte, einer solchen Aufforderung der Staatsbehörde Folge zu leisten, könne er sich weder für verpflichtet noch befugt erachten, wurde er im Sommer 1876 durch den königlichen Gerichtshof für kirchliche Angelegenheiten abgesetzt. Er lebte fortan in Holland, wohin er schon Ende 1875 geflüchet war. Das Generalvikariat war am 28. Juni aufgelöst worden, am 17. Juli wurde das Vermögen des erzbischöflichen Stuhles mit Beschlag belegt, weil das Metropolitankapitel sich weigerte, einen Kapitelsvikar zu wählen. So blieb es bis 1885. Die Geschäfte besorgte, so gut es ging, der Weihbischof und Domdekan Baudri; dieser empfing am 15. Oktober 1880 bei der Einweihung des Domes in Abwesenheit des Erzbischofs namens des Kapitels in dessen Gotteshause, wie er sich ausdrückte, Kaiser Wilhelm I. und die Kaiserin Augusta. Außer den Bischöfen büßten auch zahlreiche einfache Priester, Pfarrer und Kapläne Freiheitsstrafen von kürzerer oder längerer Dauer ab. Die Mehrzahl der klösterlichen Niederlassungen gingen ein. Die Priesterseminare waren geschlossen. Die Kandidaten der Theologie studierten auswärts und wurden nach Empfang der Weihen in der Mission oder in außerpreußischen Diözesen verwendet. Hunderte von Pfarreien waren unbesetzt. Hunderttausende von Katholiken entbehrten der geordneten Seelsorge, konnten nicht oder nur schwer ihre Kinder taufen, ihre Ehen einsegnen, ihre auf den Tod Kranken versehen, ihre Toten kirchlich begraben lassen.

Die bei Wiederherstellung des Friedens neu ernannten Bischöfe Korum von Trier (12. September 1881) und Krementz von Köln (30. Juli 1885) hatten deshalb zunächst Jahre hindurch damit zu tun, die kirchliche Ordnung und Verwaltung im Rahmen des alten Rechtes einigermaßen wieder einzurichten. In Trier begannen im Jahre 1884 die Neuanstellungen von Pfarrgeistlichen und wurden 1886 die geistlichen Erziehungsanstalten wieder eröffnet. In der Kölner Erzdiözese wurde im Herbst 1887 das Bonner Konvikt von neuem eröffnet, in das seit 1892 nach Errichtung eines dafür bestimmten neuen Gebäudes, des Albertinums (dazu Leoninum 1903), alle Bonner Theologiestudierenden eingezogen worden sind, und nahmen im Februar 1888 die Knabenkonvikte in Neuß, Münstereifel und Opladen, zu denen 1890 das Hermannianum in Rheinbach trat, unter einem am 25. November 1888 eingesetzten erzbischöflichen Verwaltungsrate ihre Tätigkeit wieder auf, nachdem unterm 21. September 1887 Ordinariat und Offizialat rekonstituiert worden waren. 1889 wurde, nachdem sich Baudri, fünfundachtzig Jahre alt, zur Ruhe hatte setzen können, zum Weihbischof Antonius Fischer bestellt, der spätere Erzbischof und Kardinal, dem 1893 ein zweiter Weihbischof in der Person des gelehrten und zugleich durch seine Tätigkeit auf sozialem Gebiete verdienten Hermann Joseph Schmitz zur Seite trat. Von der Kulturkampfgesetzgebung war der für den Staat wichtigste Teil wie das Personenstandsgesetz vom 6. Februar 1875 mit der obligatorischen Zivilehe, das übrigens gerade für das Rheinland von der früheren staatlichen und kirchlichen Gesetzgebung nicht einmal sehr abweichende Staatsgesetz vom 20. Juni 1875 über die Vermögensverwaltung in den katholischen Kirchengemeinden, das Gesetz über die Aufsichtsrechte des Staates bei der Vermögensverwaltung in den katholischen Diözesen, die Vorschriften über die Anzeigepflicht der Bischöfe bezüglich der Kandidaten für geistliche Ämter u. a. m. unverändert oder mit größeren oder geringeren Änderungen unter Preisgabe der bloßen Kampfbestimmungen aufrechterhalten worden, erwies sich aber bei leidenschaftsloser Anwendung gleich der Nichtwiederherstellung des 1875 aufgehobenen Artikels 15 der Verfassung als für die Wahrung des staatlichen Einflusses ebenso nützlich, wie für die Kirche und das kirchliche Leben unschädlich. Auch die Ordensgesetzgebung wurde unter Behauptung der staatlichen Kirchen- und Ordenshoheit zu Gunsten der Orden und Kongregationen, die der Aushilfe in der Seelsorge, der Übung der christlichen Nächstenliebe, dem Unterrichte und der Erziehung der weiblichen Jugend in höheren Mädchenschulen oder einem beschaulichen Leben sich widmen, gemildert. Infolgedessen konnten zahlreiche alte Niederlassungen wieder eröffnet und noch mehr neue errichtet werden, so daß das Ordensleben am Rheine bald eine große Blüte erreichte. Nur die Jesuiten haben seit dem Gesetze vom 4. Juli 1872 auch in den Rheinlanden keine Niederlassungen mehr und ebensowenig die nach wie vor als ihnen verwandt geltenden Lazaristen und Schwestern vom hl. Herzen Jesu, während die Redemptoristen, die anfänglich gleichfalls mit ausgeschlossen waren, wieder zugelassen sind und seit 1896 in Trier wie früher das St. Josephskloster bewohnen, indes sie in der Kölner Erzdiözese in Aachen und Geistingen Häuser besitzen. Seit dem Reichsgeſetz vom 8. März 1904 iſt übrigens den einzelnen Jeſuiten und Lazariſten der Aufenthalt nicht mehr verwehrt, nur ſollen ſie nach den Reichskanzlerbekanntmachungen vom 5. Juli 1872 und vom 28. November 1912 aller Ordenstätigkeit, d. h. prieſterlicher und religiöſer Arbeit an anderen wie z. B. Predigen und Beichthören ſowie vor allem der Abhaltung von Miſſionen und der Erteilung von Unterricht ſich enthalten, ein Verbot, das freilich gerade in den Rheinlanden gelegentlich übertreten worden iſt. In Maria Laach ſind 1892 an Stelle der Jeſuiten Benediktiner der Beuroner Kongregation eingezogen. Unter Leitung von hervorragenden, durch Organiſationstalent, Kunſtſinn und Gelehrſamkeit ausgezeichneten Äbten, des jetzt in Metz den Biſchofsſtuhl des hl. Klemens einnehmenden Willibrord Benzler, des 1913 zum Abtprimas in Rom aufgerückten Fidelis Freiherrn von Stotzingen und des gegenwärtigen Prälaten Ildefons Herwegen ſind nicht nur die herrliche Abteikirche und das Kloſter prachtvoll ausgebaut und Kunſt und Wiſſenſchaft gefördert worden; vielmehr iſt durch ſie in den Rheinlanden ein Mittelpunkt religiöſen, durch das 1909 gegründete Bonner Studienhaus auch in die akademiſchen Kreiſe hineinwirkenden Lebens entſtanden, der ſich über die eigenen Konfeſſionsgenoſſen hinaus der Gunſt des Herrſcherhauſes und des achtungsvollen Intereſſes mancher Evangeliſchen erfreut. In anderer Weiſe entfalten durch ihr Miſſionshaus und ihre Miſſionsſchule die Väter vom hl. Geiſt an der gleichfalls in neuer Pracht entſtandenen Abteikirche zu Knechtſteden eine weithin reichende, auch von vaterländiſchen Geſichtspunkten aus hoch einzuſchätzende Tätigkeit, nicht zu vergeſſen die Kartäuſer und Oblaten, die Pallotiner und die Geſellſchaft vom göttlichen Worte, die Alexianer-, Franziskaner- und Barmherzigen Brüder, die ſeit 1914 auf dem Michelsberge in Siegburg eingezogenen Benediktiner der Sublacenſer Kongregation ſowie die gleich manchen genannten vornehmlich der Krankenpflege, aber auch der Erziehung und anderen chriſtlichen Liebeswerken mit einer Selbſtaufopferung ſondergleichen zum Heile ihrer Mitmenſchen, auch der Andersgläubigen, ſich widmenden zahlreichen Frauenorden und -kongregationen.

Im übrigen iſt in den letzten Jahrzehnten in der provinziellen und diözeſanen Rechtsbildung ein faſt völliger Stillſtand eingetreten. Für die Erzdiözeſe faßte zwar Erzbiſchof Fiſcher bei der Beſteigung des Erzſtuhles die Abhaltung einer Diözeſanſynode ins Auge. Zu deren Vorbereitung ſetzte er am 12. November 1903 eine Kommiſſion ein. Dieſe hat, wie verlautet, ihre Arbeit längſt erledigt. Doch iſt es bisher zur Abhaltung der Synode nicht gekommen. Es dürfte ſich auch empfehlen, zunächſt abzuwarten, ob etwas und was aus der geplanten Neufaſſung des gemeinen Rechtes in einem Codex juris canonici werden wird. Von einzelnen kirchlichen Verordnungen iſt namentlich im Kölner Erzſprengel in den letzten 25 Jahren überraſchend wenig an Zahl und Bedeutung ergangen; ich erwähne von den ſpärlichen wichtigeren Erlaſſen hier nur noch den Kölner vom 15. April 1890 über das Theologieſtudium ſowie den Trierer über Pfarreinſatz und Einweiſung in die Temporalien (7. Auguſt 1888). Dafür iſt die ſeit 20 Jahren von dem apoſtoliſchen Protonotar und Domherrn Dr. Karl Kreutzwald unter vier Erzbiſchöfen als Generalvikar und während dreier Sedisvakanzen als Kapitularvikar geführte Verwaltung rieſenhaft angewachſen. Sichtbare Zeugen davon ſind die zahlreichen neu erbauten Kirchen und gottesdienſtlichen Gebäude ſowie die in die Hunderte gehenden, durch die gewaltige Bevölkerungszunahme und das wachſende kirchliche Bedürfnis bedingten, durch die gesteigerte Wohlhabenheit und vor allem durch staatliche Unterstützung ermöglichten Neuerrichtungen von Pfarreien und Kapellengemeinden, die u. a. im Sommer 1895 zu einer neuen Umgrenzung des Kölner Pfarrsystems geführt haben. Dies Zurücktreten der spezifisch rheinischen Kirchenrechtsbildung einerseits und dies Indenvordergrundtreten der Verwaltung anderseits erklärt sich nicht bloß daraus, daß nach Vollendung der Wiederherstellungsarbeiten in Provinz und Bistum für die Organisation nicht mehr viel zu geschehen braucht, vielmehr hat es seinen Grund vornehmlich in der gesteigerten Zentralisation in Kirche und Staat und seine allerdings nur in sehr beschränktem Maße zutreffende Parallele in dem Überwuchern der bundesstaatlichen gegenüber der einzelstaatlichen Gesetzgebung im Reiche. Alle wichtigeren Neuerungen des letzten Menschenalters auf kirchlichem Gebiet sind von der kirchlichen Zentralregierung, von Rom, ausgegangen; ich erinnere nur an Neuestes, etwa an die neuen Bestimmungen über die erste Kinder- und die tägliche Kommunion, an die Neuordnung des kirchlichen Eheschließungsrechts durch das Dekret: Ne temere, an die Maßnahmen gegen den Modernismus, an das Dekret: Maxima cura über die Versetzung und Absetzung von Pfarrern und anderen Benefiziaten auf dem Verwaltungswege, an die neue kirchliche Festordnung. Und alle wichtigeren Gesetze über die finanzielle Besserstellung der Kirche und ihrer Diener, wie etwa das Kirchensteuergesetz von 1905, das Gesetz betreffend die Bildung kirchlicher Hilfsfonds von 1903 und betreffend die Erhebung von Abgaben für kirchliche Bedürfnisse der Diözesen von 1906, weiter das Gesetz betreffend die Bildung von Gesamtverbänden in der katholischen Kirche, auf Grund dessen sehr leistungsfähige Verbände dieser Art auch in den Rheinlanden (1906 Viersen und Bonn, 1907 Kalk, 1910 Essen, 1913 Aachen) sich gebildet haben, endlich das wichtige Diensteinkommensgesetz von 1909, sie alle sind preußische Staatsgesetze. Gewiß ist die religiöse Grundlage der katholischen Kirche auch am Rheine ihr bester Schutz und Schirm und würde ihre Organisation sie befähigen, im Falle der Trennung von Kirche und Staat alsbald ganz auf eigenen Füßen zu stehen. Aber sie würde gewaltige Einbußen erleiden und nicht so bald, vielleicht nie wieder den Stand erreichen, den sie heute im Rahmen des preußischen Staates einnimmt. Gerade wenn man sich vergegenwärtigt, was in den letzten Jahrzehnten von Preußen für die katholische Kirche der Rheinlande getan worden ist, und was diese unter staatlichem Schutze hat leisten können, wird man sagen müssen, daß sie allen Grund hat, ihr: Domine salvum fac regem zum Himmel steigen zu lassen, und daß ihr Klerus auch des preußischen Aares dankbar gedenken darf, wenn er allabendlich in der Komplet mit den Worten des 17. Psalmes betet: Sub umbra alarum tuarum protege nos.

Literaturnachweis.

Kirchlicher Amtsanzeiger des Bistums Trier, I 1853 — LIX, 1915 (von Juni 1876 bis Oktober 1880 nicht erschienen).

Kirchlicher Anzeiger für die Erzdiözese Köln I 1852 — LV, 1915 (von Juli 1876 bis Ende 1885 nicht erschienen).

A. J. Binterim und J. H. Mooren, Die alte und neue Erzdiözese Köln, I—IV, Mainz 1828—1831, 2. Auflage, von A. Mooren, I, II, Düsseldorf 1892/93.

J. J. Blattau, Statuta synodalia, ordinationes et mandata dioecesis Trevirensis I—IX, Augustae Trevirorum, 1844—1859.

Chr. Briel, Die Organisation der Kölner Erzdiözese unter Erzbischof Ferdinand August Graf Spiegel (wird in den Kirchenrechtlichen Abhandlungen, herausgegeben von U. Stutz, erscheinen).

H. Brück, Geschichte der katholischen Kirche in Deutschland im neunzehnten Jahrhundert, 2. Auflage, I—IV in fünf Teilen, von Band III an bearbeitet von J. B. Kißling, Mainz 1902 ff.

Fr. Dittrich, Die Bemühungen des Kölner Erzbischofs v. Spiegel um die Wiederherstellung der geistlichen Gerichtsbarkeit in den rheinisch-westfälischen Bistümern, Festschrift für Georg v. Hertling, Kempten 1913, S. 558 ff.

K. Th. Dumont, Sammlung kirchlicher Erlasse, Verordnungen und Bekanntmachungen für die Erzdiözese Köln, 2. Auflage, Köln 1891, mit Nachtrag, Köln 1899.

A. Eichhorn, Die Ausführung der Bulle: De salute animarum in den einzelnen Diözesen des Preußischen Staates, Zeitschrift für die Geschichte und Altertumskunde Ermlands V, 1874, S. 1 ff.

G. Goyau, L'Allemagne religieuse, Le catholicisme 1800—1870, I—IV, Paris 1905 bis 1909.

Derselbe, Bismarck et l'Eglise, le Culturkampf, 1870—1878, Paris 1911—1913.

Handbuch der Erzdiözese Köln, 1. Auflage, Köln 1827 — 21. Ausgabe, Köln 1911, besonders auch 6. Auflage, Köln 1850.

W. Harleß, Die letzten Schicksale des Kölner Erzstiftes und des Domkapitels, Zeitschrift für preußische Geschichts- und Landeskunde XI, 1874 und XII, 1875, besonders S. 29 ff.

Th. Henner, Die Versammlung der deutschen Bischöfe zu Würzburg im Jahre 1848, Hundert Jahre bayerisch, Würzburger Festschrift, Würzburg 1914, S. 335 ff.

H. Hüffer, Forschungen auf dem Gebiete des französischen und des rheinischen Kirchenrechts, Münster 1863.

L. Kaas, Die geistliche Gerichtsbarkeit in Preußen während des 19. Jahrhunderts, mit besonderer Berücksichtigung der Kölner Kirchenprovinz, von der Bonner Juristenfakultät 1912 gekrönte Preisschrift (wird in den Kirchenrechtlichen Abhandlungen, herausgegeben von U. Stutz, erscheinen).

J. B. Kißling, Geschichte des Kulturkampfes im Deutschen Reiche, Freiburg i. Br., I 1911, II 1913.

W. Maurenbrecher, Die preußische Kirchenpolitik und der Kölner Kirchenstreit, Stuttgart 1881 und die dort aufgeführte Literatur.

J. Müller, Die bischöflichen Diözesanbehörden, insbesondere das bischöfliche Ordinariat, Kirchenrechtliche Abhandlungen, herausgegeben von U. Stutz, 15. Heft, Stuttgart 1905.

H. Nottarp, Die Neuordnung der kirchlichen Verhältnisse in Altpreußen durch die Bulle: De salute animarum, Theologie und Glaube, II, 1910, S. 450 ff.

O. Pfülf, Kardinal von Geissel, aus seinem handschriftlichen Nachlaß geschildert, I, II, Freiburg i. Br. 1895, 1896.

J. Podesta, Sammlung der wichtigsten allgemeinen Verordnungen und Bekanntmachungen, welche seit der Wiedererrichtung des Erzbisthums Köln im Jahre 1825 . . . erlassen worden sind, Köln 1851.

Sammlung der wichtigsten allgemeinen Verordnungen und Bekanntmachungen, welche seit der Wiedererrichtung der Erzdiözese Köln im Jahre 1825 bis zum Schlusse des Jahres 1836 von der geistlichen Oberbehörde . . . erlassen worden sind, Köln 1837.

Schematismus der Geistlichkeit des Bistums Trier, 1. Ausgabe, Trier 1827, 17. Ausgabe unter der Überschrift: Handbuch des Bistums Trier, Trier 1912.

H. Schrörs in den Annalen des Historischen Vereins für den Niederrhein, XCV, 1913, S. 133 ff.
J. F. v. Schulte, Fünf Erzbischöfe von Köln im 19. Jahrhundert, Internationale theologische Zeitschrift, XI, 1913, S. 193 ff., Internationale kirchliche Zeitschrift N. F. I, 1914, S. 9 ff, 145 ff.
L. Schwahn, Die Beziehungen der katholischen Rheinlande und Belgiens in den Jahren 1830—1840, Straßburger Beiträge zur neueren Geschichte, herausgegeben von M. Spahn, IX, Straßburg i. E. 1914.
A. Sträter, Die Vertreibung der Jesuiten aus Deutschland im Jahre 1872, Stimmen aus Maria-Laach, 116. Ergänzungsheft, Freiburg i. Br., 1914.
U. Stutz, Die kirchliche Rechtsgeschichte, Stuttgart 1905, S. 20.
Derselbe, Der neuste Stand des deutschen Bischofswahlrechtes, Kirchenrechtliche Abhandlungen, herausgegeben von U. Stutz, 58. Heft, Stuttgart 1909.
Derselbe, Die Einführung des allgemeinen Pfarrkonkurses im Großherzogtum Baden. Festgabe der Bonner Juristenfakultät für P. Krüger, Berlin 1911, S. 98 ff.
Derselbe, Kirchenrecht, 2. Auflage, in F. v. Holtzendorff und J. Kohler, Enzyklopädie der Rechtswissenschaft in systematischer Bearbeitung. 7. Auflage, V, Leipzig 1914, S. 275 ff., besonders §§ 42, 43.
H. v. Treitschke, Deutsche Geschichte im neunzehnten Jahrhundert, IV, Berlin 1889, S. 683 ff., V, Berlin 1894, S. 277 ff.
Übersicht der Erzdiözese Köln für das Jahr 1825, Köln 1825.
P. Vogel, Beiträge zur Geschichte des Kölner Kirchenstreites, Studien zur rheinischen Geschichte, Heft 5, Bonn 1912.
J. Vogt, Das kirchliche Eherecht, 3. Auflage, Köln 1910.
P. Weber, Promptuarium der für die Führung der pfarramtlichen Geschäfte im Bistum Trier geltenden Anweisungen, Trier 1898. Erster Nachtrag dazu, Trier 1909.
Wester, Promptuarium zu den bischöflich Trierischen Statuten und Verordnungen, Trier 1870.

Kölner Verlags-Anstalt und Druckerei A.-G.

FSC
www.fsc.org
MIX
Papier | Fördert
gute Waldnutzung
FSC® C083411

Kolibri 360 GmbH
Ferdinand-Jühlke-Straße 7
99095 Erfurt, Deutschland
produktsicherheit@kolibri360.de